生命
百科

赏心悦目的花

生命百科编委会　编著

 中国大百科全书出版社

图书在版编目（CIP）数据

赏心悦目的花 / 生命百科编委会编著 . -- 北京 ：
中国大百科全书出版社，2025.1. --（生命百科）.
ISBN 978-7-5202-1814-6

Ⅰ . S68-49

中国国家版本馆 CIP 数据核字第 20254GV208 号

总 策 划：刘 杭　郭继艳
策划编辑：王 阳
责任编辑：张会芳
责任校对：闵 娇
责任印制：王亚青
出版发行：中国大百科全书出版社有限公司
地　　址：北京市西城区阜成门北大街 17 号
邮政编码：100037
电　　话：010-88390811
网　　址：http://www.ecph.com.cn
印　　刷：唐山富达印务有限公司
开　　本：710mm×1000mm　1/16
印　　张：10
字　　数：100 千字
版　　次：2025 年 1 月第 1 版
印　　次：2025 年 1 月第 1 次印刷
书　　号：ISBN 978-7-5202-1814-6
定　　价：48.00 元

—— 总　序

这是一套面向大众、根植于《中国大百科全书》第三版（以下简称百科三版）的百科通俗读物。

百科全书是概要记述人类一切门类知识或某一门类知识的完备的工具书。它的主要作用是供人们随时查检需要的知识和事实资料，还具有扩大读者知识视野和帮助人们系统求知的教育作用，常被誉为"没有围墙的大学"。简而言之，它是回答问题的书，是扩展知识的书。

中国大百科全书出版社从 1978 年起，陆续编纂出版了《中国大百科全书》第一版、第二版和第三版。这是我国科学文化建设的一项重要基础性、标志性、创新性工程，是在百年未有之大变局和中华民族伟大复兴全局的大背景下，提升我国文化软实力、提高中华文化国际影响力的一项重要举措，具有重大的现实意义和深远的历史意义。

百科三版的编纂工作经国务院立项，得到国家各有关部门、全国科学文化研究机构、学术团体、高等院校的大力支持，专家、学者 5 万余人参与编纂，代表了各学科最高的专业水平。专家、作者和编辑人员殚精竭虑，按照习近平总书记的要求，努力将百科三版建设成有中国特色、有国际影响力的权威知识宝库。截至 2023 年底，百科三版通过网站（www.zgbk.com）发布了 50 余万个网络版条目，并陆续出版了一批纸质版学科卷百科全书，将中国的百科全书事业推向了一个新的高度。

重文修武，耕读传家，是我们中国人悠久的文化传承。作为出版人，我们以传播科学文化知识为己任，希望通过出版更多优秀的出版物来落实总书记的要求——推动文化繁荣、建设中华民族现代文明，努力建设中国式现代化强国。

为了更好地向大众普及科学文化知识，我们从《中国大百科全书》第三版中选取一些条目，通过"人居环境""科学通识""地球知识""工艺美术""动物百科""植物百科""渔猎文明""交通百科"等主题结集成册，精心策划了这套大众版图书。其中每一个主题包含不同数量的分册，不仅保持条目的科学性、知识性、准确性、严谨性，而且具备趣味性、可读性，语言风格和内容深度上更适合非专业读者，希望读者在领略丰富多彩的各领域知识之时，也能了解到书中展示的科学的知识体系。

衷心希望广大读者喜爱这套丛书，并敬请对书中不足之处给予批评指正！

《中国大百科全书》编辑部

"生命百科"丛书序

　　生命的诞生源自生物分子的出现，历经生物大分子、细胞、组织、器官、系统至个体、种群、人类的过程。在宏观进化链中，生物进化范畴的最顶端是人类的出现。

　　从个体大小上讲，生命体有高大的木本植物，有低矮的草本植物，还有能引起人类或动植物疾病的真菌、细菌、病毒等微生物。从生活空间上讲，生命体有广布全球的鸟，有在水中自由自在的鱼等。从感官上讲，生命体有香气宜人的植物，也有赏心悦目的花。从发育学上讲，有变态发育的动物（胚胎发育过程中形态结构和生活习性有显著变化的动物，也称间接发育动物），如昆虫；也有直接发育的动物（胚后发育过程中幼体不经过明显的变化就逐渐长成成体的动物），如包括人类在内的哺乳动物、鸟类、鱼类和爬行类等。有的生命体还是治疗其他动植物疾病的药，如以药用动植物为主要原料的药物等。为维持生命体健康地生长与发育，认识疾病、诊断疾病、治疗疾病很有必要。

　　为便于读者全面地了解各类生物，编委会依托《中国大百科全书》第三版生物学、作物学、园艺学、林业、植物保护学、草业科学、渔业、畜牧、现代医学、中医药等学科内容，组织策划了"生命百科"丛书，编为《常见木本植物》《常见草本植物》《香气宜人的植物》《赏心悦目的花》《广布全球的鸟》《自由自在的鱼》《变态发育的昆虫》《认识人体》《常见的疾病》《常见的疾病诊断方法》《治疗百病的药——

现代药》《治疗百病的药——中医方剂》等分册,图文并茂地介绍了各类生命体及与人类健康相关知识。

希望这套丛书能够让更多读者了解和认识各类生命体,起到传播生命科学知识的作用。

生命百科丛书编委会

目　录

第1章

离瓣花

蝶形花

紫苜蓿

紫苜蓿是被子植物门真双子叶植物豆目豆科苜蓿属的一种。

紫苜蓿原产于中亚细亚，欧亚大陆和世界各国广泛栽培种植。中国栽培苜蓿始自公元前 126 年（汉武帝时期），全国各地都有栽培或呈半野生状态。紫苜蓿生于田边、路旁、旷野、草原、河岸及沟谷等生境中。

紫苜蓿为多年生草本。高可达 1 米。根粗壮，深入土层，根颈发达。茎直立、丛生以至平卧，四棱形，无毛或微被柔毛，枝叶茂盛。羽状三出复叶；托叶大，卵状披针形，先端锐尖，基部全缘或具 1～2 齿裂；叶柄比小叶短；小叶长卵形、倒长卵形至线状卵形，等大，或顶生小叶稍大，

紫苜蓿

顶生小叶柄比侧生小叶柄略长。花序总状或头状，总花梗挺直，比叶长；苞片线状锥形，比花梗长或等长；萼钟形，萼齿线状锥形，比萼筒长，被贴伏柔毛；蝶形花，花冠颜色多样，淡黄、深蓝至暗紫色，花瓣均具长瓣柄，旗瓣长圆形，先端微凹，明显较翼瓣和龙骨瓣长，翼瓣较龙骨瓣稍长；子房线形，具柔毛，花柱短阔，上端细尖，柱头点状，胚珠多数。荚果螺旋状卷曲多圈，中央无孔或近无孔，熟时棕色，含种子10～20粒。种子卵形，平滑，黄色或棕色。花期5～7月，果期6～8月。

因紫苜蓿具有适应性广、产量高、质量好、耐刈割、可增加土壤肥力等优点，故有"牧草之王"之称。

甘 草

甘草是被子植物门真双子叶植物豆目豆科甘草属的一种。主要分布于中国东北、华北、西北地区。

甘草为多年生草本植物。根与根状茎粗壮，外皮褐色，里面淡黄色，具甜味。茎直立，多分枝，高可达120厘米。奇数羽状复叶，小叶3～8对，卵圆形，先端尖或钝。总状花序腋生，具多数花；花萼钟状，密被黄色腺点及短柔毛，基部偏斜并膨大呈囊状，萼齿5；蝶形花，花冠紫色、白色或黄色，旗瓣长圆形，顶端微凹，基部具短瓣柄，翼瓣短于旗瓣，龙骨瓣短于翼瓣；子房密被刺毛状腺体。荚果弯曲呈镰刀状

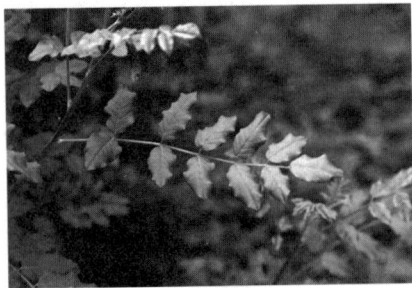

甘草

或环状，密集成球，密生瘤状突起和刺毛状腺体。种子 3 ～ 11，暗绿色，圆形或肾形。花期 6 ～ 8 月，果期 7 ～ 10 月。

甘草根入药，为著名中药。根及根状茎粗大，圆柱形，剥去外皮呈黄色，含甘草酸，性平、味甘，具有和中缓急、清热解毒、健脾和胃、调和诸药之功效，又可用作烟草加料剂及蜜饯、糖果的香料。

刺 桐

刺桐是被子植物门真双子叶植物豆目豆科刺桐属大乔木。刺桐分布于中国台湾、福建、广东、广西等地。

刺桐高可达 20 米。树皮灰褐色，枝有明显叶痕及短圆锥状的黑色直刺。叶大，长 20 ～ 30 厘米，叶柄长 10 ～ 15 厘米，通常无刺。羽状复叶具 3 小叶，常密集枝端，膜质，宽卵形或菱状卵形，先端渐尖而钝，基部宽楔形或截形。基脉 3 条，侧脉 5 对。小叶柄基部有一对腺体状的托叶。总状花序顶生，长 10 ～ 16 厘米，上有密集、成对着生的花。总花梗木质，粗壮，长 7 ～ 10 厘米，花梗长约 1 厘米，具短茸毛。花萼佛焰苞状，长 2 ～ 3 厘米。蝶形花，花冠红色；旗瓣椭圆形，长 5 ～ 6 厘米，先端圆，瓣

刺桐

柄短；翼瓣与龙骨瓣近等长，短于萼。荚果黑色、厚，种子间略缢缩，长15～30厘米，宽2～3厘米，稍弯曲，先端不育。种子肾形，暗红色。花期3月，果期8月。

刺桐喜温暖气候和阳光，不耐寒。多用扦插法繁殖。

刺桐可栽作观赏树木，常见于树旁或近海溪边，或栽于公园。树皮富纤维可制绳索也可入药，有祛风湿、舒筋通络和治风湿麻木、腰腿筋骨疼痛、跌打损伤、松弛横纹肌等功效。对中枢神经有镇静作用，但有积蓄作用，毒性主要表现为对心肌及心脏传导系统的抑制。

槐

槐是被子植物门真双子叶植物豆目豆科槐属乔木。槐原产于中国，南北各省、自治区、直辖市均有广泛栽培，华北和黄土高原地区尤为多见。

槐树高可达25米。树皮灰褐色，具纵裂纹。当年生枝绿色，无毛。羽状复叶长达25厘米。叶柄基部膨大，包裹着芽。托叶形状多变，有时呈卵形，叶状有时线形或钻状，早落。小叶7～15枚，对生或近互生，纸质，卵状披针形或卵状长圆形，长2.5～6厘米，先端渐尖，具小尖头，基部宽楔形或近圆形，稍偏斜，叶背灰白色，幼时被疏短柔毛。圆锥花序顶生，常呈金字塔状。花梗比花萼短，小苞片2枚，形似小托叶。花萼浅钟状，萼齿5，近等大，圆形或钝三角形，被灰白色短柔毛，萼管近无毛。蝶形花，花冠白色或淡黄色，具短柄，有紫色脉纹，先端微缺，基部浅心形。雄蕊近分离，宿存。子房近无毛。荚果串珠状，肉质，长2～8厘米，成熟后不开裂，也不脱落。种子卵球状，淡黄绿色，干后黑褐色。

花期 7 ～ 8 月，果期 8 ～ 10 月。

　　槐喜光，略耐阴。喜干冷气候和深厚、排水良好的沙质壤土，在石灰性、酸性及轻盐碱土上均可正常生长。在干燥、贫瘠的山地及洼积水处生长不良。槐多用播种法繁殖。

　　槐树冠优美，花芳香，是行道树和优良的蜜源植物。因其耐烟毒能力强，是厂矿区良好的绿化树种。花和荚果入药，有清凉收敛、止血降压作

槐树

用。叶和根皮有清热解毒作用，可治疗疮毒。木材坚韧、耐水湿、富弹性，可供建筑、家具、农具用。

紫　藤

　　紫藤是被子植物门真双子叶植物豆目豆科紫藤属落叶藤本。紫藤分布于中国辽宁、内蒙古、河北、河南、江西、山东、江苏、浙江、湖北、湖南、陕西、甘肃、四川、广东等地。

　　紫藤长可达 20 米，茎左旋，枝较粗壮。冬芽卵状。奇数羽状复叶长 15 ～ 25 厘米，托叶线形，早落。小叶 3 ～ 6 对，纸质，卵状椭圆形至卵状披针形，先端渐尖至尾尖，基部钝圆或楔形，或歪斜。小托叶刺毛状，宿存。总状花序发自去年短枝的腋芽或顶芽，花序轴被白色柔毛；苞片披针形，早落；花芳香；花梗细，长 2 ～ 3 厘米；花萼杯状，密

紫藤

被细绢毛；蝶形花，花冠紫色，被细绢毛。荚果倒披针状，长 10 ～ 15 厘米，宽 1.5 ～ 2.0 厘米，密被茸毛。种子褐色，具光泽，圆形，扁平。花期 4 月中旬至 5 月上旬，果期 5 ～ 8 月。

紫藤喜光，略耐阴，较耐寒，喜深厚肥沃而排水良好的土壤，较耐干旱、瘠薄和水湿。紫藤可用播种、分株、压条、扦插、嫁接等方法繁殖。

紫藤枝叶繁密，庇荫效果强，春天先叶开花，是优良的棚架、门廊植物，也可作盆景或盆栽供室内装饰。

绣球小冠花

绣球小冠花是被子植物门真双子叶植物豆目豆科小冠花属多年生草本。又称小冠花。

绣球小冠花原产于欧洲地中海地区，美国、加拿大、西亚、北非均有栽培。中国甘肃、山西、陕西、宁夏、北京等地有引种，南京也有栽培。

绣球小冠花根系粗壮，侧根发达，横向走窜可延伸 2.5 米以上，主侧根上结鸡冠状根瘤。茎直立，粗壮，多分枝，茎中空具条棱。奇数羽状复叶，具小叶 5 ～ 13 对，互生。小叶薄纸质，椭圆形或倒卵形，长 15 ～ 25 毫米，宽 4 ～ 8 毫米，先端具短尖头，基部近圆形，两面无毛。

托叶小，膜质，披针形，长约 3 毫米，分离，无毛。叶柄短，长约 5 毫米，无毛。伞形花序腋生，长 5 ～ 6 厘米，比叶短。总花梗长约 5 厘米，疏生小刺，花 5 ～ 10（20）朵，呈环状排列于花梗顶短，苞片 2，披针形，宿存。蝶形花，花冠紫色、淡红色或白色，长 8 ～ 12 毫米；旗瓣近圆形，翼瓣近长圆形，龙骨瓣先端成喙状向内弯曲。荚果棒状，直或稍弯曲，荚节长约 1.5 厘米，共 3 ～ 11 节，成熟后易断裂，每节含种子 1 粒。种子长圆状倒卵形，黄褐色或红褐色，长约 4 毫米，宽约 1 毫米。花期 6 ～ 7 月，果期 8 ～ 9 月。

绣球小冠花抗逆性强，适应性广，抗旱、耐寒、耐瘠薄、耐高温，但耐涝性差，排水不良的根部易腐烂死亡。耐盐碱能力稍差，适宜在中性或偏碱性土壤中生长。绿期较长，结实后植株仍能保持绿色。其无性繁殖能力极强，覆盖度大。根系发达再生性能好，种子成熟缓慢而不一致，有落花落荚的特点，种子产量低。

绣球小冠花再生性强，分枝多，叶繁茂柔嫩，产草量高。营养物质含量高而全面，花期干物质中粗蛋白含量为 19.6% ～ 24.0%，粗脂肪含量为 2.9% ～ 3.4%。其青绿期长，是优质青绿饲草，亦可作青贮、调制干草和干草粉用以饲喂反刍动物。因含有有毒物质 β- 硝基丙酸，马等单胃动物适口性差。绣球小冠花根系发达，主根可深达 4 米，地表层匍匐根交织呈网状结构，具分蘖芽，可蔓延长出新枝，覆盖度大，固土能力极强，抗逆性也强，是很好的水土保持植物。小冠花具根瘤，是肥田改土的良好绿肥植物。花朵鲜艳且多变，为无限花序，花期长达 5 个月之久，是良好的观花地被植物，也是很好的蜜源植物。

野火球

野火球是被子植物门真双子叶植物豆目豆科车轴草属多年生草本。又称红五叶、野三叶草、火球花。分布于中国东北、内蒙古、河北、山西等地。俄罗斯也有分布。

野火球株高 30 ～ 60 厘米。根发达。茎丛生、直立或斜升，有分枝。掌状复叶，具小叶 5，少数 3 ～ 7。托叶膜质，鞘状。小叶倒披针形或长椭圆形，长 1.5 ～ 5 厘米，宽 5 ～ 15 毫米，先端稍尖，基部渐狭，边缘具细锯齿，两面密布隆起侧脉，被柔毛。花序头状，生顶端和上部叶腋，花多数，红紫色或淡红色。花萼钟状，萼齿丝状锥尖，是萼筒长的两倍。蝶形花，花冠淡红色至紫红色；旗瓣椭圆形，先端钝圆，基部稍窄；翼瓣长圆形，下方有一钩状耳；龙骨瓣长圆形，比翼瓣短，先端具小尖喙，基部具长瓣柄。荚果长圆形，棕灰色；有种子（2）3 ～ 6 粒。种子橄榄绿色，平滑。花果期 6 ～ 10 月。

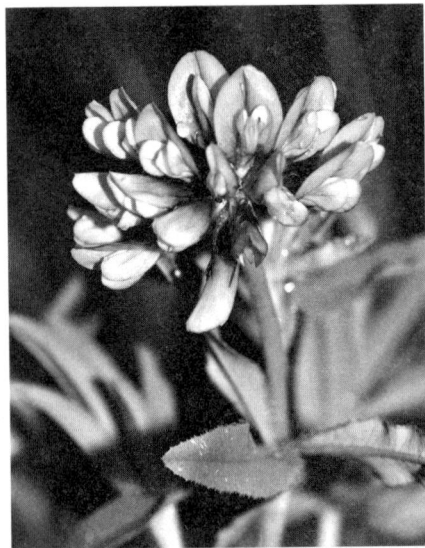

野火球的花

野火球生长于山坡湿地、滩甸边、林缘、草甸草原、灌丛。耐寒、耐瘠性强，不耐盐碱，喜湿润、肥沃土壤，适宜微酸性黑土地、森林草原、林绿草甸、草山草坡和河岸种植。

野火球常用种子直播进行繁殖，要点有：①土壤选择。非盐渍化土壤都能种植，喜多有机质黑土和黑土层较厚的白浆土。②整地。深耕细耙，平整地面，创造疏松耕土层，保证其出苗质量。③种子处理。选择无病虫害，籽实饱满种子，播前用碾米机碾两次或用 95% 浓硫酸浸种 5 分钟后晾干、待播；或 70℃ 浸种至自然冷却 24 小时后于 20℃ 萌发最有利于其存活。④播种时间。种子发芽最低温度 10℃，理想发芽温度 20 ～ 25℃，春播、夏播均可。春播可在 4 ～ 5 月抢墒播种，夏播在 6 ～ 8 月播种。⑤播种方法与播量。种子田时，条播，行距 30 ～ 45 厘米或 60 ～ 70 厘米双条播，播量 15 ～ 22.5 千克 / 公顷；草地改良时，撒播，播量 22.5 ～ 30 千克 / 公顷，可与羊草、无芒雀麦等混播。播深 1.5 ～ 2.0 厘米，播后镇压 1 次。播种时施磷、钾肥为主的底肥或有机肥。

野火球苗期生长缓慢，不耐杂草，出苗后应及时除草。土壤干旱或缺肥时，须及时追肥或灌溉，追肥以磷、钾肥为主。为防止最常见的白粉病感染，须及时收获。

野火球采后自然通风干燥，去除种皮后低温保存。全草具有止咳、镇痛、散结之功效，用于治疗咳喘、淋巴结核、痔疮、体癣。各种家畜喜食，牛特别爱食。可鲜饲，也可作干草或半干青贮，亩产鲜草 1500 ～ 2200 千克，每年可刈割 2 ～ 3 次。最适刈割期是现蕾至开花期。干草中的钙含量是磷的 10 倍，为家畜富钙牧草。野火球花期较长，花色鲜艳，可作观赏植物和蜜源植物。野火球根系发达，固土力强，是良好的水保植物；野火球还具有很强的固氮作用，是改良土壤和提高肥力的优良草种。

胡枝子

胡枝子是被子植物门真双子叶植物豆目豆科胡枝子属落叶灌木。又称萩、胡枝条、扫皮、随军茶、二色胡枝子等。

胡枝子主要分布于中国北方地区，以及安徽、湖北、浙江、江西、广西、福建等地。蒙古、俄罗斯、朝鲜、日本也有分布。

胡枝子高 0.5～3 米，多分枝。枝条黄褐色至灰褐色，有条棱，被疏生短柔毛。羽状三出复叶，互生。顶生小叶宽椭圆形或卵圆形，长 1.5～6 厘米，宽 1～4 厘米，先端具短刺尖，叶背面疏生平伏短毛，侧生叶较少且小。托叶 2 枚，线状披针形。总状花序腋生，花序轴长 4～10 厘米。花梗短，长 2～3 毫米。花萼杯状，5 浅裂，披针形，有白色短柔毛。蝶形花，花冠紫色；旗瓣长约 1.2 厘米，倒卵形，无爪；翼瓣长约 1 厘米，矩圆形，有爪，基部有长爪；龙骨瓣与旗瓣近等长。荚果斜卵形，密被柔毛，成熟时不开裂，内含 1 粒种子。种子褐色，千粒重约 7.6 克。花期 7～8 月，果期 9～10 月。

胡枝子喜光，耐干旱、耐瘠薄，耐寒冷，是虫媒异交植物。多生长在山地和丘陵的空旷地带及疏林地段，以半阴坡和阴坡为多见。越冬期地上部小分枝死亡，次年从主枝和根颈发出新枝。有明显的主根和发达的侧根，具根瘤，有固氮作用。

胡枝子一般采用种子繁殖。待种子完全成熟变为棕褐色后，取出、洗净，用机械去除荚壳后置于湿润细沙藏种，待种子出现白芽孢，即可播种；或用浓硫酸、90℃热水等方式浸种破除硬实后直接播种，提高出苗率。嫩枝扦插是无性繁殖的主要方式。春末夏初取当年生枝条梢部，喷施 100 毫克 / 升的萘乙酸后做插穗即可繁殖。

胡枝子一般在早春雨季播种，华北地区在 7 ～ 8 月栽培效果好。播种地以排水良好的壤土为宜，最适 pH 为 5.5 ～ 6.0，播种量 34 千克 / 公顷，覆土深度为 2 ～ 3 厘米。播种前施过磷酸钙 300 ～ 450 千克 / 公顷。苗期生长较慢，幼苗长至 10 厘米左右时适时松土，应除草 1 ～ 2 次。

种植当年产草量不高。第二年生长快，苗高 40 ～ 50 厘米刈割，每年刈割两次，亩产鲜草 1500 ～ 2000 千克。可青饲，也可调制成干草，制干草时在开花期刈割为好。种子收获应在荚果变黄时收获，每亩可收种子 15 ～ 20 千克。

胡枝子地上部分茎叶适口性好，富含蛋白质和钙、磷等矿物质元素，具有较高的饲用价值；也是重要的蜜源植物和生态修复先锋植物；全株及花均可药用。地上部分含槲皮素、山柰酚、车轴草苷、异槲皮素、荭草素、异荭草素、槲皮素 -3-O-β- 吡喃葡萄糖苷等黄酮类化合物，茎中还有 7,4′ - 二羟基 -2′ - 甲氧基 -6- 香叶基异黄烷酮、2′,4′ - 二羟基 -6″ - 甲基 -6″ -（4‴ - 甲基戊 -3- 烯基）吡喃（3″，2″ ∶ 6,7）- 异黄烷酮、咖啡酸、咖啡酸乙酯、原儿茶酸、白桦脂酸、白桦脂醇、β- 谷甾醇等化合物。地上部分具有清热解毒、利水消肿、活血止疼、润肺止咳等功效，主治感冒发热、百日咳、风湿痹痛、跌打损伤、赤白带下、便血、肺热咳等。苕条蜜还含有成分极复杂的糖类复合体，具有清热、消炎、杀菌的作用。

百脉根

百脉根是被子植物门真双子叶植物豆目豆科百脉根属的一种。

百脉根分布于中国西北、西南和长江中上游各省、自治区、直辖市。欧亚大陆、北美洲和大洋洲均有分布，喜生于湿润的山坡、草地、田野或河滩地。

百脉根伞形花序

百脉根为多年生草本植物。植株可高达 50 厘米。具主根。茎丛生，近四棱形。羽状复叶，小叶 5，基部 2 小叶呈托叶状，纸质，斜卵形或倒披针状卵形，中脉不清晰。伞形花序，花聚生于总花梗顶端，花梗短，苞片叶状，与萼等长，宿存。花萼钟形，萼齿狭三角形、近等长。蝶形花，花冠黄色或金黄色；旗瓣扁圆形；翼瓣和龙骨瓣等长，均稍短于旗瓣；龙骨瓣呈直角三角形弯曲，喙部窄尖。花丝分离。花柱直，子房线形。荚果直，褐色。种子细小，卵圆形。花期 5 ~ 9 月，果期 7 ~ 10 月。

百脉根茎叶柔软多汁，碳水化合物含量丰富，是良好的饲料，也是优良的蜜源植物之一。百脉根有补虚、清热、止渴之功效，主治虚劳、阴虚发热、口渴。科学家常将本种作为豆科的模式植物进行研究。

美丽崖豆藤

美丽崖豆藤是被子植物门真双子叶植物豆目豆科崖豆藤属攀缘藤本。又称大力薯、倒吊金钟、山莲藕等。以干燥根入药，药名牛大力。

美丽崖豆藤分布于中国福建、湖南、广东、广西、海南等地。越南也有分布。在广西等地有较大面积栽培。

◆ **形态特征**

美丽崖豆藤根为结节块状，外皮粗厚，褐色，含有淀粉。藤长 1 ～ 3 米。羽状复叶长 15 ～ 25 厘米，互生，叶柄与叶轴被短柔毛，有小叶 7 ～ 17 片。小叶片披针形，长 4 ～ 9 厘米，全缘，锥形，宿存。腋生圆锥花序，长约 30 厘米。花萼钟状，萼齿钝圆。蝶形花，长约 2.5 厘米，花冠白色，带黄色晕，基部有两枚胼胝体状附属物。二体雄蕊，子房线形，被茸毛。荚果密被棕色茸毛，果瓣木质，裂后扭曲。种子 4 ～ 6 粒，卵圆形。花期 7 ～ 10 月，果期次年 2 月。

◆ **生长习性**

美丽崖豆藤适宜年均温度为 18 ～ 24℃。适应力较强，能抗寒抗旱，贫瘠土地也可人工栽培。

◆ **繁殖方法**

美丽崖豆藤播种前种子应经 55℃ 温水处理 10 ～ 15 分钟，捞出后常温浸泡 7 小时左右，充分吸水后加入适量细沙搅拌均匀，再撒 1 层细沙，待种子露白后即可播种。移栽定植时间宜选在阳光较弱时或阴天进行。

◆ **栽培管理**

美丽崖豆藤栽培管理要点有：①选地整地。幼苗时期需水分较多，应保证土壤

美丽崖豆藤

湿度，但要注意排水。播种前深翻土地松土，可配合药剂除草，并提前施基肥。移栽地可选除水田外的田地。②田间管理。可采用人工除草或除草剂除草。遇到多雨天气，应及时开沟排水，尤其在苗期。种植后1个月有枝条抽出后，可开始追肥。定植后3个月左右施肥，两株苗之间挖穴施少量复合肥，以后每年10月份前后施肥1次。应疏剪旺枝，抑制藤蔓生长。用于繁殖的，在花蕾长出时适当疏剪。③病虫害防治。病害不多，主要是鳞翅目昆虫的为害和暖湿季节的叶斑病，可结合农药防治。

◆ 采收加工

美丽崖豆藤全年可采，以秋季挖根为佳。洗净，切片晒干或先蒸熟再晒即可。

◆ 药用价值

牛大力味甘，性平。归肺、肾经。具补虚润肺、强筋活络等功效。用于腰肌劳损、风湿性关节炎、肺结核、慢性支气管炎、慢性肝炎等。

十字形花

桂竹香

桂竹香是被子植物门真双子叶植物十字花目十字花科糖芥属的一种。名出《种子植物名称》。桂竹香分布于欧洲南部，中国各地栽培。

桂竹香为多年生草本植物，高20～60厘米。茎直立或上升，具棱角，下部木质化，具分枝，全体有贴生长柔毛。基生叶莲座状，倒披针形、披针形至线形，顶端急尖，基部渐狭，全缘或稍具小齿；叶柄长7～10毫米；茎生叶较小，近无柄。总状花序果期伸长。花梗长4～7毫米；

桂竹香的花序

萼片长圆形，长6～11毫米。花冠橘黄色或黄褐色，十字形，花瓣长约1.5厘米，芳香，有长瓣爪。雄蕊6，近等长。长角果线形，具扁4棱，直立，劲直，果瓣有1明显中肋。花柱长1～1.5毫米，具稍开展2裂柱头。果梗长1～1.5厘米，上升。种子2行，卵形，长2～2.5毫米，浅棕色，顶端有翅。花期4～5月，果期5～6月。桂竹香生长于海拔0～1500米。

桂竹香在中文版《中国植物志》中被归于桂竹香属，英文版《中国植物志》中对其进行了修订，桂竹香属被归并入糖芥属，但因其为外国引入种而未被英文版《中国植物志》正式收录。桂竹香具有良好的观赏价值，是欧洲园艺乃至全球园艺布置花坛、花境的重要花卉；种子油供工业用；花可药用，有泻下、通经之功效。

鼠耳芥

鼠耳芥是被子植物门真双子叶植物十字花目十字花科鼠耳芥属的一种。又称拟南芥、阿拉伯芥、阿拉伯草。

鼠耳芥在中国分布于安徽、甘肃、贵州、河南、湖北、湖南、江苏、江西、陕西、山东、四川、新疆、西藏、云南、浙江。在国外，分布于印度、日本、哈萨克斯坦、朝鲜、蒙古国、俄罗斯、塔吉克斯坦、乌兹

鼠耳芥

别克斯坦，以及非洲、亚洲西南部、欧洲、北美洲。

鼠耳芥为一年生草本植物，高（2～）5～30（～50）厘米。茎直立，不分枝或自上部分枝，基部明显被单毛，顶部无毛。基生叶叶柄短，倒卵形、匙状、卵形或椭圆形；叶面被明显的单毛及1叉毛，全缘、波浪状或具齿，顶端圆钝。茎生叶无柄，常仅极少数，披针形条形、长圆形或椭圆形，全缘或偶具少齿。萼片长1～2（～2.5）毫米，无毛或远端疏被单毛，两侧无囊状物。花冠十字形，花瓣白色，匙状，基部纤细至短爪状；花丝白色，长1.5～2毫米；花柱0.5毫米。每个子房具40～70枚胚珠。长角果线形、圆柱状，表面光滑；果柄纤细，分叉，直立，长3～10（～15）毫米；果瓣具1条明显中脉。种子椭圆形，丰满，浅棕色，长0.3～0.5毫米；具子叶。花期和果期1～6（～10）月。鼠耳芥生长于平地、山坡、河边、路边，海拔可达2000米。

鼠耳芥是最早完成全基因组测序的被子植物门植物。作为自花授粉植物，基因高度纯合，用理化因素处理突变率很高，容易获得各种功能缺陷型，因此被作为遗传学研究的模式植物，被科学家誉为"植物中的果蝇"。

盐 芥

盐芥是被子植物门真双子叶植物十字花目十字花科盐芥属的一种。

名出《内蒙古植物志》。

　　盐芥在中国分布于河北、河南、
江苏、吉林、内蒙古、山东、新疆
等地；在国外，分布于哈萨克斯坦、
吉尔吉斯斯坦、蒙古国、俄罗斯、
土库曼斯坦、乌兹别克斯坦和北美
洲等国家或地区。

　　盐芥为草本植物，高（6 ～）
10 ～ 30（～ 40）厘米。茎直立或
开展，基部单枝或几个分枝。基生

盐芥

叶莲座状或无，叶柄长 5 ～ 10 毫米，叶片倒卵形、匙形或长圆形，全
缘或很少具齿及羽状裂，先端钝；茎生叶心形、卵形或长圆形，无柄，
叶基深度抱茎，极少有叶耳，全缘或波状，先端锐尖或钝。萼片长圆形；
花冠十字形；花瓣白色，倒卵形；花丝长 1 ～ 1.5 毫米；花药长方体形，
顶端成尖，长 0.2 ～ 0.4 毫米；每个子房具胚珠 55 ～ 96 枚。果序轴成直线，
果梗纤细，长 3 ～ 10 毫米，叉开向上。果实念珠状，无柄，果瓣具隐脉。
种子褐色，长方体形，排成两列。花果期 4 ～ 7 月。盐芥生长于盐碱滩、
河岸、干草原。

　　盐生植物盐芥与模式植物拟南芥亲缘关系较近，具有对高盐、干旱
和低温等非生物胁迫极高的耐受能力。盐芥于 2012 年完成全基因组测
序，约为 260 兆碱基对，使其成为研究植物耐盐的模式植物。

葶苈

葶苈是被子植物门真双子叶植物十字花目十字花科葶苈属的一种。名出《神农本草经》。

◆ 分布

葶苈分布于西南亚、欧洲、北美洲，主要为阿富汗、日本、克什米尔、朝鲜、哈萨克斯坦、吉尔吉斯斯坦、蒙古国、俄罗斯、塔吉克斯坦、土库曼斯坦、乌兹别克斯坦。葶苈在中国广布。

◆ 形态特征

葶苈为一年生草本植物，高（3～）6～45（～60）厘米。茎直立，单一或基部稍上具分枝，密被软毛，混杂着单毛、叉状毛和有柄或无柄的星状毛，花近端至顶端无毛。基生叶莲座状，叶柄废退，叶片椭圆形至倒卵形或倒披针形，长（0.4～）1～3.5（～5）厘米，宽（0.2～）0.5～1.5（～2）厘米，稀被有柄的叉状毛和具简单辐射状的星状毛，基部楔形，边缘齿状，很少全缘，顶端钝；茎生叶（2）3～12（～15），无柄，叶片宽卵形至椭圆形，长（0.2～）0.5～1.8（～2.7）厘米，宽（1～）3～10（～15）毫米，叶背面具同基生叶的软毛，表面具单毛及混杂少许叉状毛，基部楔形至圆形，边缘具齿，顶端钝或锐。总状花序由（15～）25～60（～90）朵小花组成，无花苞，果期轻微或显著伸长。萼片卵形，长（0.7～）0.9～1.6毫米，宽0.5～1毫米，近直立，背面有稀疏单毛，侧面基部无囊状物，边缘非膜质。花冠十字形，黄色。花瓣匙形，长（1.2～）1.7～2.2（～2.5）毫米，宽（0.4～）

0.6 ～ 1 毫米，顶端微凹；有瓣爪。花丝长（0.9 ～）1 ～ 1.7（～ 2）毫米。花药宽卵形至肾形，长 0.1 ～ 0.2 毫米。花柱退化，少有长 0.1 毫米。每个子房有（30 ～）36 ～ 60（～ 72）个胚珠。果实长方形或椭圆形，长（3 ～）5 ～ 8（～ 10）毫米，宽 1.5 ～ 2.5 毫米，稍有隔膜。果梗长 0.7 ～ 2.5（～ 3）厘米，分叉直立，无毛，丝状，较果实长。裂瓣无毛或被向上单毛，长 0.05 ～ 0.2 毫米，基部和顶端钝，通常具明显中脉并交织着侧脉。种子红棕色，卵形，长 0.5 ～ 0.7（～ 0.8）毫米，宽 0.3 ～ 0.4（～ 0.5）毫米。花果期 3 ～ 6 月。

◆ 生长习性

葶苈生长于草地、路旁、潮湿的山谷、河岸、林缘、溪边、山坡，海拔大约可达 4800 米。

◆ 价值

葶苈种子可入药，称葶苈子，具有强心和利尿的作用。种子含油可达 26%，榨油供制皂及工业用。幼苗为中国北方早春野菜。

菘　蓝

菘蓝是被子植物门真双子叶植物十字花目十字花科菘蓝属的一种。名出《唐本草》。

◆ 分类

《中国植物志》学名为 *Isatis indigotica*，英文版《中国植物志》（*Flora of China*）修订学名为 *Isatis tinctoria*。菘蓝和欧洲菘蓝在学名和形态上存在了很长时期的混乱，原因在于欧洲菘蓝的特征是无毛的长圆形果、发育不良或不明显的叶耳；而菘蓝的特征是无毛或有毛的长圆状三角形果实、发育良好通常有尖的叶耳。但是这些特征往往存在过渡，即菘蓝种内在果实形状，茎生叶耳的形状、大小，以及毛的数量上都呈现出非常高的多态性，这些现象存在于包括分布在中国乃至亚洲、欧洲和北美的很多地方的引种或归化的种中。

◆ 分布

菘蓝分布于日本、哈萨克斯坦、韩国、蒙古国、巴基斯坦、俄罗斯、塔吉克斯坦、乌兹别克斯坦，以及亚洲西南部、欧洲，其他地方为归化种。在中国，分布于福建、甘肃、贵州、河北、河南、湖北、江西、辽宁、内蒙古、陕西、山东、山西、四川、新疆、西藏、云南、浙江，基本上都是引种栽培。

◆ 形态特征

菘蓝为二年生草本植物，高（30～）40～100（～150）厘米。茎顶部多圆锥花序状分枝，无毛并略带白粉霜或多毛。基生叶莲座状；叶柄长0.5～5.5厘米；叶片椭圆形或倒披针形，长（2.5～）5～15（～20）厘米，宽（0.5～）1.5～3.5（～5）厘米，基部纤细，全缘、波浪状或锯齿状，顶端钝；茎生叶无柄；叶片椭圆形或披针形，少为线形椭圆形，长（1.5～）3～7（～12）厘米，宽（0.2～）0.8～2.5（～3.5）厘米，基部箭头形或有耳，叶耳尖或钝，全缘，顶端尖锐。萼片椭圆形，长1.5～2.8毫米，宽1～1.5毫米，无毛。花冠十字形，黄色。花瓣倒披针形，长2.5～4毫米，宽0.9～1.5毫米，基部纤细，顶端钝。花丝长1～2.5毫米。花药椭圆形，长0.5～0.7毫米。果实成熟后黑色或深棕色，椭圆形、倒卵形或偶有椭圆形，长（0.9～）1.1～2（～2.7）厘米，宽3～6（～10）毫米，通常中部以上渐宽，无毛或被柔毛，四周有翅，基部楔形，边缘有时微缩，顶端尖、圆或偶有微凹。果柄细弱，尖端明显增厚似棒状，长5～10毫米。果瓣长3～6（～10）毫米，有1明显中脉和不明显侧脉。顶翅宽3.5～5（～7）毫米。种子浅棕色，狭长椭圆形，长2.3～3.5（～4.5）毫米，宽0.8～1毫米。花期4～6月，果期5～7月。

◆ **生长习性**

菘蓝生长于田野、牧场、路旁、废地，海拔600～2800米。

◆ **价值**

菘蓝全草药用，根为著名药材板蓝根，叶药材名大青叶，具有清热解毒之功效；种子含油约30%，可榨油供工业用；菘蓝自古以来就被作为深蓝色染料植物被栽培，叶可提取蓝色染料（靛蓝），用于化妆品、染布等，著名的"蓝花布"即是用靛蓝染制而成的。

二月兰

二月兰是被子植物门真双子叶植物十字花目十字花科诸葛菜属二年生草花。又称诸葛菜、二月蓝。

二月兰在中国辽宁、河北、山西、山东、河南、安徽、江苏、浙江、湖北、江西、陕西、甘肃、四川等地均有分布。

二月兰于第一年秋季播种或自播

二月兰

种，出苗只进行营养生长，经过冬季低温春化成花诱导，第二年春季4～5月开花。二型叶。花冠十字形，紫色，直径2～4厘米。花梗长5～10毫米。花萼筒状，紫色，萼片长约3毫米。长角果线形，长7～10厘米。

由于二月兰有自播繁殖特性，在园林中广泛应用，作为开花地被植物。

紫罗兰

紫罗兰是被子植物门真双子叶植物十字花目十字花科紫罗兰属二年生或多年生草本植物。又称草桂花。紫罗兰原产于地中海沿岸。同属植物约60种。

◆ 形态特征

紫罗兰茎直立，多分枝，高30～60厘米，全株具灰色星状柔毛。叶互生，长圆形至倒披针形，基部呈叶翼状，先端钝圆，全缘。总状花序，两侧萼片基垂囊状。花冠十字形，花瓣4枚，具长爪，有紫红、淡红、淡黄、

紫罗兰的花

白色等，微香。长角果，种子具翅。可因栽培季节不同而有春、夏、秋、冬紫罗兰之分。

◆ 生长习性

紫罗兰喜冷凉的气候，忌燥热。喜通风良好的环境，冬季喜温和气候，但也能耐短暂的-5℃低温。生长适温白天15～18℃，夜间10℃左右。

对土壤要求不严，但在排水良好、中性偏碱的土壤中生长较好，忌过酸性土壤。

◆ **栽培**

紫罗兰适生于位置较高的地带，在梅雨天气炎热而通风不良时则易受病虫危害；施肥不宜过多，否则对开花不利；光照和通风如果不充分，易患病虫害。播种繁殖，常见栽培的还有夜香紫罗兰，花淡紫色，浓香，傍晚开放，次日闭合。

◆ **价值**

紫罗兰花朵茂盛，花色鲜艳，香气浓郁，花期长，为众多爱花者所喜爱，适宜作切花和盆栽观赏，也适宜布置花坛、台阶、花境。是欧洲名花。

油 菜

油菜是芸薹科（原称十字花科）芸薹属中用以采籽榨油的一年生或越年生草本植物的统称，也是世界重要油料作物之一。油菜籽提炼出的油脂供食用或工业用，茎叶和油粕可作肥料或饲料。栽培的油菜主要包括白菜型油菜、芥菜型油菜、甘蓝型油菜和埃塞俄比亚芥四种，中国主要栽培前三种。

油菜花

◆ **起源和分布**

油菜的栽培历史悠久，中国和印度是世界上栽培油菜最古老的国家。中国在新石器时代的陕西西安半坡新石器时代文化遗址中就发现有距今7000～6000年的炭化菜籽或白菜籽。《太平御览》辑引东汉服虔《通俗文》中有"芸薹谓之胡菜"（今白菜型油菜）之说。宋代苏颂等（1061）编著的《本草图经》中开始采用"油菜"的名称，并对其详加描述。根据出土文物和文献的考证，中国是芥菜型油菜和白菜型油菜的起源地之一。青海、甘肃、新疆、内蒙古等地是中国最早的油菜栽培地区。

约2000年以前，日本古代的白菜型油菜直接从中国或朝鲜半岛传入。印度东北部的芥菜型油菜由中国引入。在欧洲，白菜型油菜称芜菁油菜，甘蓝型油菜通称瑞典油菜，是栽培最久的两个种，其栽培始于13世纪。中国广泛栽培的甘蓝型油菜于20世纪30年代和50年代分别由日本和欧洲引入。一般认为，白菜型油菜起源于亚洲和欧洲，甘蓝型油菜起源于欧洲，芥菜型油菜起源于亚洲和非洲，埃塞俄比亚芥起源于非洲。美洲、大洋洲及其他地区栽培的油菜，都是由这些起源中心引入。

栽培的油菜属芸薹属植物，它们在起源进化上有密切关系。20世纪30年代中期，日本学者在芸薹属植物细胞遗传学方面展开了系统研究，并由旅日韩国学者禹长春提出芸薹属植物染色体组亲缘关系的假说，后世称为禹氏三角。

位于三角形顶端的3个基本种为芸薹（即白菜型油菜）、黑芥和甘蓝，它们是大约400万年以前产生于自然界的基本物种。在三角形的3个等边上的物种是3个复合种，即甘蓝型油菜、芥菜型油菜和埃塞俄比亚芥

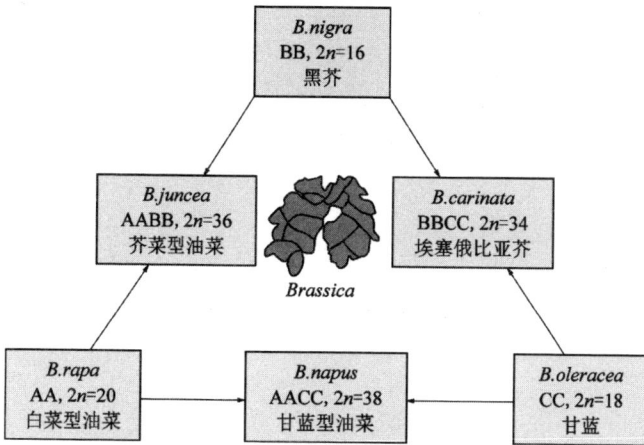

芸薹属植物的染色体组及其种间亲缘关系的禹氏三角

（简称埃芥），它们是一万至数万年前，由前面 3 个基本种在不同地区条件下，通过自然种间杂交后形成双二倍体进化而来的多倍体物种。这个假说先后为印度、丹麦、瑞典等国学者通过种间杂交人工合成新的双二倍体，得到实验证实。

世界上广泛栽培的油菜以甘蓝型为主。主要生产国为中国、加拿大、印度、法国、波兰等。欧洲各国、加拿大、澳大利亚绝大部分是甘蓝型油菜。印度以芥菜型油菜为主，白菜型油菜次之，主产区为北部恒河流域。中国甘蓝型油菜约占 90%，白菜型油菜占 5% ～ 7%，芥菜型油菜占 5% 左右。中国油菜以秦岭为界划分为秋播油菜和春播油菜两大产区。秋播油菜区根据地区不同，种植的品种有冬性品种、半冬性品种和春性品种；按其自然区域又可划分为华北关中、四川盆地、云贵高原、长江中游、长江下游和华南沿海 6 个亚区。芥菜型油菜广泛分布于云贵高原。长江流域各省现已成为世界上甘蓝型油菜三大集中产区之一，占全国油菜总面积的 70% 以上。春播油菜区种植的全部为春性品种，主要是甘蓝型油菜。青藏高原高海拔地区以白菜型小油菜为主。中国油菜分布海拔最高的地区是海拔 4270 米的西藏曲穴。

◆ **价值**

油菜花器多，花期长，具有蜜腺，还是一种良好的蜜源植物和景观植物。2000 年以来，中国各地生态旅游业发展很快，油菜花成为观赏旅游的重要项目。

油菜籽含油率占种子干重的 30% ～ 50%，精炼后的菜籽油是良好的食用油，含有丰富的脂肪酸和多种维生素。低芥酸油菜品种油酸含量仅次于橄榄油，是优质的食用植物油。一般菜籽油在机械、橡胶、化工、油漆、纺织、制皂和医药工业上有广泛用途，欧洲一些国家还将菜籽油加工制成生物柴油，成为开动拖拉机、汽车、船舶等的可再生能源。榨油后的油粕，为重要的有机肥料和畜、禽、鱼的精饲料。油菜根系分泌的有机酸，可溶解土壤中难以溶解的磷，提高磷的有效性。根、茎、叶以及花和果壳等含有丰富的氮、磷、钾，生长阶段脱落的叶、花以及收获后残根和秸秆还田，可显著提高土壤肥力，改善土壤结构。

第2章

合瓣花

舌状花

金光菊

金光菊是被子植物门真双子叶植物菊目菊科金光菊属的一种。名出《华北习见观赏植物》。原产北美，有多个栽培品种，中国各地庭园常见栽培。

金光菊为多年生草本，高0.5～2米。具地下茎，地上茎上部有分枝。叶互生，下部叶具叶柄，不分裂或羽状5～7深裂，裂片披针形，边缘具齿或浅裂；中部叶3～5深裂；上部叶不分裂，卵形，顶端尖，全缘或有少数粗齿。头状花序单生于枝端，具长花序梗，直径7～12厘米。总苞半球形；总苞片2层，长圆形，长7～10毫米，上端尖，被短毛。花托球形；托片顶端截形，被毛，与瘦果等长。舌状花金黄色；舌片倒披针形，长约为总苞片的2倍，顶端具2短齿；管状花黄色或黄绿

金光菊

色。瘦果无毛，压扁，稍有 4 棱，长 5 ～ 6 毫米，顶端有具 4 齿的小冠。花期 7 ～ 10 月。

火绒草

火绒草是被子植物门真双子叶植物菊目菊科火绒草属的一种。据说因其植株有密白的绵毛，可用打火石或火镰引火而得名。又因其茎叶的白绵毛犹如披了一层薄雪，故又称薄雪草。

火绒草在中国广泛分布于新疆东部、青海东部和北部、甘肃、陕西北部、山西、内蒙古南部和北部、河北、辽宁、吉林、黑龙江及山东半岛。蒙古国、朝鲜、日本和俄罗斯也有分布。

火绒草为多年生草本植物。常雌雄异株。地下茎粗壮，为枯萎的短叶鞘所包裹。无莲座状叶丛。花茎直立，高 5 ～ 45 厘米，被灰白色毛，大多不分枝，有时上部有伞房状或近总状花序枝；下部叶较密，上部叶较疏，下部叶在花期枯萎宿存。叶直立，线形或线状披针形，长 2 ～ 4.5 厘米，宽 0.2 ～ 0.5 厘米，顶端尖，无叶鞘，无柄，上面灰绿色，被柔毛，下面被白色或灰白色密毛。苞叶少数，较上部叶短，长圆形或线形，雄株苞叶通常展成苞叶群，

火绒草

雌株则通常苞叶直立，不成苞叶群。头状花序直径可达 1 厘米，有时排列成伞房状。总苞半球形，被白色棉毛；总苞片约 4 层，无色或褐色。雄花花冠长 3.5 毫米，狭漏斗状，有小裂片；雌花花冠丝状，花后生长，长 4.5 ～ 5 毫米。冠毛白色。瘦果长圆形，有乳头状突起或密粗毛。花果期 7 ～ 10 月。

火绒草全草可药用，可清热凉血、利尿。

翠　菊

翠菊是被子植物门真双子叶植物菊目菊科翠菊属的一种。

翠菊分布于中国东北、华北、山东、云南、四川等地。亚洲东部也有分布。

翠菊为一年生或二年生草本植物，高达 1 米。茎直立，被白色糙毛。单叶，茎下部的叶花期时通常脱落；中部的叶卵形、匙形或近圆形，边缘有粗锯齿，叶柄长 4 厘米；上部的茎叶渐小，菱状披针形、长椭圆形或倒披针形。头状花序较大，常单生枝端，直径达 7 厘米。总苞半球形，宽达 5 厘米，总苞片 3 层，外层叶状，绿色，倒披针形，边缘有白色长硬毛。边缘舌状花雌性，有紫、蓝、红或白等色。中央盘花两性，花冠管状，5 齿裂，

翠菊

花柱分枝三角形。瘦果倒卵形，冠毛2层，外层短，膜质；内层较长，羽毛状。花果期5～10月。

翠菊为著名花卉，已培育出许多品种，宜植花坛或盆栽。

春黄菊

春黄菊是被子植物门真双子叶植物菊目菊科春黄菊属的一种。原产欧洲，公园庭院中习见栽培。

春黄菊为多年生草本植物。茎直立，有条棱，上部常伞房状分枝，被白色疏棉毛。叶矩圆形，羽状深裂至全裂，裂片篦齿状，三角状披针形，叶轴有齿，下面有白柔毛。头状花序单生枝端，直径达4厘米，有细长梗总苞半球形，外层总苞片披针形，内层矩圆状条形，顶端及边缘干膜质。花托有托片，宽条形。边花舌状、雌性、金黄色；盘花两性、管状，5齿

春黄菊的花

裂。瘦果四棱形，稍扁，有沟纹；冠状冠毛极短。花果期7～10月。

春黄菊耐寒，喜凉爽，适应性强，对土壤要求不严，常作为观赏植种植物。

艾

艾是被子植物门真双子叶植物菊目菊科蒿属的一种。

艾名出《本草经集注》。《左传·哀公·哀公十六年》："若见君面，是得艾也。"杜预注曰："艾，安也。"说明它能使人安宁，故称"艾"。

艾分布广，在中国除极干旱与高寒地区外，几乎遍及全国。朝鲜半岛、日本、蒙古国、俄罗斯远东地区亦有分布。

艾为多年生草本植物，有香味，高达 1 米。根状茎细长，有匍匐枝，茎直立，紫褐色，密生灰白色蛛丝状毛。叶互生，上面灰绿色，密布

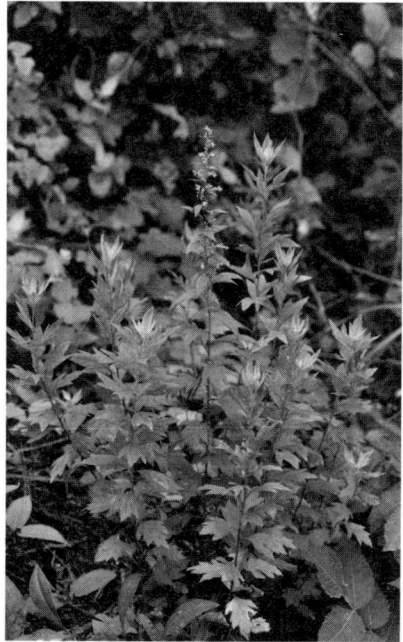

艾

腺点，背面有灰白色或灰黄色蛛丝状毛，上部叶渐小。头状花序长圆钟形，长 3～4 毫米，直径 2～2.5 毫米，下垂，在茎顶头状花序再排成小型的穗状、复穗状或圆锥状复花序。头状花序的总苞 4～5 层，被绵毛；花紫色，边花（外轮花）舌状、雌性，两侧对称；盘花（内轮花）管状、两性，辐射对称；花托无托毛。瘦果长圆形。花期 8～9 月，果期 9～10 月。

艾全草入药，药名"艾叶"。艾气味浓烈，叶、茎含芳香油，有杀菌消毒作用。入药可理气血、温经、止血、安胎。艾叶油有平喘、镇咳、祛痰和消炎的功能。叶加工为绒，称艾绒，是灸法治病的原料。古人认为艾可避邪祛秽，端阳节采艾作饰或插门上以除毒。

紫 菀

紫菀是被子植物门真双子叶植物菊目菊科紫菀属的一种。始载《神农本草经》。"菀"字形容茂盛之貌，根多呈紫色，故名紫菀。

紫菀分布于中国东北、华北、西北。朝鲜半岛、日本、俄罗斯也有分布。生于山地林下土壤较肥沃处。

紫菀为多年生草本植物。茎直立，粗壮，被疏粗毛。基部叶在花期枯落，长圆状匙形或椭圆状匙形，长达30厘米，宽达10厘米，基部渐狭，下延成带狭翅的长柄，边缘有齿。下部叶及中部叶椭圆状匙形至披针形，上部叶变小。头状花序多数，花序梗长，在茎枝顶端排成复伞房状。总苞半球形，总苞片3层，覆瓦状排列，线形或线状披针形，被密毛，边缘宽膜质，带

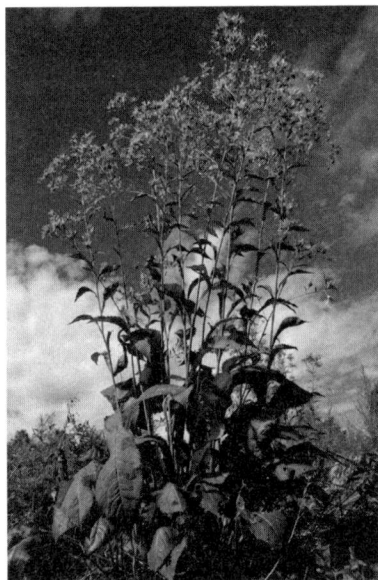

紫菀

红紫色。舌状花蓝紫色，管状花黄色。瘦果倒卵状长圆形，紫褐色，上部被疏粗毛；冠毛污白色或带红色。花果期7～9月。

紫菀根状茎和根可入药，有润肺、化痰、止咳的作用。

蒲公英

蒲公英是被子植物门真双子叶植物菊目菊科蒲公英属多年生草本植物。以其干燥全草入药，药材名蒲公英。又称黄花地丁、婆婆丁、蒲公

草等。

蒲公英广泛分布于北半球。在中国，主要栽培区为江苏、河南、黑龙江、河北和山西等地。

◆ 形态特征

蒲公英根圆柱状，黑褐色。叶倒卵状披针形、倒披针形，边缘有时具波状齿或羽状深裂，有时倒向羽状深裂或大头羽状深裂，顶端裂片较大，每侧裂片 3～5 片，裂片三角形或三角状披针形，通常具齿，叶柄及主脉常带红紫色。花葶 1 至数个，与叶等长或稍长。头状花序，总苞钟状，总苞片 2～3。舌状花黄色，花药和柱头暗绿色。瘦果倒卵状披针形，暗褐色；冠毛白色。花期 4～9 月，果期 5～10 月。

◆ 生长习性

蒲公英耐涝、耐旱、耐寒、耐瘠薄、耐盐碱、抗强光、耐高温。早春地温 1～2℃ 时即萌发，地下根可以忍受 -50℃ 的低温。种子发芽最适温度为 15～25℃，30℃ 以上发芽缓慢，叶生长最适温度为 20～22℃。东北地区早春 4 月下旬开始生长。气温 8～10℃ 时迅速生长。5 月中下旬开花，6 月中旬种子成熟，种子无休眠特性，落地后很快萌发，出芽，形成新的植株，直到初霜始枯萎。多年生植株 9 月初可以再次开花。再生能力强，生长季生长点切去后，可形成多个新生长点。苗期耐旱性稍差，出苗 1 个月后生长速度加快，抗性增强。

◆ 繁殖方式

蒲公英有种子繁殖和分根繁殖两种方式，以种子繁殖为主。种子繁殖春季到秋季均可播种。在畦面上按行距 25～30 厘米开前横沟，播幅约 10 厘米。播种量 0.5 ～ 0.75 千克 / 亩。分根繁殖于春季或秋季采挖蒲公英的根,移栽在整理好的地块内,行株距 10 厘米 ×15 厘米。

◆ 栽培管理

选地和整地

选土质深厚、疏松肥沃、排水良好的沙壤土种植蒲公英。整地时施足底肥,施腐熟农家肥 4000 ～ 5000 千克 / 亩,深耕 25 ～ 30 厘米,耕平耙细,做成宽 1.2 ～ 1.5 米的长畦。

田间管理

蒲公英田间管理技术要点有:①中耕除草。每 10 天左右中耕除草 1 次,直到封垄为止;封垄后可人工拔草。②间苗、定苗。出苗 10 天左右进行间苗,株距 3 ～ 5 厘米,经 20 ～ 30 天即可定苗,株距 8 ～ 10 厘米,撒播者株距 5 厘米。③肥水管理。苗期保持湿润,干旱可沟灌渗透。出苗后适当控水,促进根部健壮生长,防止倒伏。施尿素 10 ～ 15 千克 / 亩,或碳酸氢铵 15 ～ 20 千克 / 亩。

病虫害防治

斑枯病为害蒲公英叶片。防治方法:与禾本科轮作;合理密植,促苗壮发,增加株间通风透光性;以有机肥为主,避免偏施氮肥;收集病残体携出田外烧毁;清沟排水;药剂防治。

蚜虫为害蒲公英新生茎叶。防治方法:黄板诱杀;发生初期,用杀虫剂进行喷雾防治。

地老虎为害蒲公英根部。防治方法:种植地块提前 1 年秋翻晒土及冬灌,可杀灭虫卵、幼虫及部分越冬蛹;用糖醋液、马粪和灯光诱虫,清晨集中捕杀等。

◆ 采收加工

在晚秋时节采挖带根的蒲公英
全草，去泥晒干备用。采收后可以
将蒲公英进行初加工、干燥。也可
以加工成蒲公英散和蒲公英素。

碱地蒲公英花序

◆ 药用价值

蒲公英药材味苦、甘，性寒。归肝、胃经。具有清热解毒，消肿散
结，利尿通淋的功效。主治急性乳腺炎、淋巴腺炎、瘰疬、疔毒疮肿、
急性结膜炎、感冒发热、急性扁桃体炎、急性支气管炎、胃炎、肝炎、
胆囊炎、尿路感染、便秘、治高脂血症等病症。

2015 版《中华人民共和国药典》同时收载同属植物碱地蒲公英作
为药材蒲公英的基原植物。其分布主要在黄河以北地区，亦有栽培。

天山雪莲

天山雪莲是被子植物门真双子叶植物菊目菊科风毛菊属多年生草本
植物。又称雪莲花、雪荷花。以其干燥地上部分入药，药材名天山雪莲。

天山雪莲主要分布在中国新疆地区。因天山雪莲独特的生长习性和
广泛的药用价值使得野生天山雪莲被过度采挖，资源已濒危。现有栽培。

◆ 形态特征

天山雪莲株高 15～35 厘米。根状茎粗，颈部被多数褐色的叶残迹。
茎粗壮，基部直径 2～3 厘米。叶密集，基生叶和茎生叶无柄，叶片椭

圆形或卵状椭圆形，长达 14 厘米，宽 2 ～ 3.5 厘米，顶端钝或急尖，基部下延，边缘有尖齿，两面无毛；最上部叶苞叶状，膜质，淡黄色，宽卵形，长 5.5 ～ 7 厘米，宽 2 ～ 7 厘米，包围总花序，边缘有尖齿。头状花序 10 ～ 20 个，在茎顶密集成球形的总花序，无小花梗或有短小花梗；总苞半球形，直径 1 厘米，总苞片 3 ～ 4 层，边缘或全部紫褐色，先端急尖，外层被稀疏的长柔毛，外层长圆形，长 1.1 厘米，宽 5 毫米，中层及内层披针形，长 1.5 ～ 1.8 厘米，宽 2 毫米；小花紫色，长 1.6 厘米。瘦果长圆形，长 3 毫米。冠毛污白色，2 层，长 1.5 厘米，褐色或深褐色。花果期 7 ～ 9 月。

◆ **生长习性**

天山雪莲生长于海拔 2400 ～ 4000 米的高山风化带和雪线上的石隙、砾石及沙质湿地中。在自然条件下生长缓慢，至少 4 ～ 5 年才能开花结果。其种子能在低温条件下萌发，3 ～ 5℃ 生长，幼苗能够抵御 -20℃ 的低温，根部在 -32℃ 下可以安全越冬，植株在 15 ～ 25℃ 下生长旺盛。

◆ **繁殖方法**

天山雪莲用种子进行繁殖，但其自然繁殖率极低，需催芽育苗。

种子催芽

选择籽粒大而饱满、有光泽的种子，用 40℃ 温水烫种 30 分钟，再用 50% 的多菌灵粉剂配成 0.23% 的药液泡种 2 小时，用清水清洗后稍微晾干，然后装入纱布袋内，每袋装 0.5 千克，放在 22 ～ 25℃ 的温度环境中进行催芽，当有 60% 左右的种子发芽即可播种。

播种育苗

温室育苗播种期为 12 月初至翌年 2 月初，采用营养钵的形式播种。育苗土壤以高山腐质层的黑钙土为主，可混少量有机肥。播前提前 1 天浇透营养钵，将处理好的种子分别少量地放入小盘内，用镊子轻轻地挟住播入，覆土时撒匀，一般覆土厚 2 厘米左右。温室白天温度应控制在 18 ～ 22℃，夜晚温度应控制在 10 ～ 15℃。当茎高 3 厘米左右，连叶高 5 ～ 7 厘米，有 5 片叶时即可移栽。

◆ **栽培管理**

选地与整地

选择在排水良好、富含腐殖质、疏松肥沃的黑钙土田地上定植天山雪莲。移栽前要深翻细耕将地块耙匀耙平。然后整垄，垄的规格宜为宽 30 厘米，高 25 厘米，沟深 20 ～ 30 厘米。依据地势情况合理定株行距，株距 20 ～ 30 厘米，行距 20 ～ 40 厘米，每穴定植 1 株，定植后遮阳处理并及时喷水。

田间管理

天山雪莲田间管理要点有：①温度控制。由于天山雪莲性喜凉爽、湿润，在缓苗期间需遮阳，并将土壤温度控制在 20℃ 以下，缓苗后可将遮阳设施去除。如遇到高温干旱天气，则应及时采取降温措施。②给排水。结合种植地的情况宜采用喷灌设施灌溉，将种植地土壤含水量控制在 50% 左右。③除草。由于生长较为缓慢，因此草害治理非常关键。要及时人工除草，但避免采用除草剂。

病虫害防治

天山雪莲栽培过程中的
主要病害有：①枯萎病。造
成天山雪莲毁灭性的一种病
害。防治方法：种植前使用
土壤杀菌剂消毒土壤；发病
初期用杀菌剂视病情轻重进

天山雪莲

行泼浇或喷洒；发病时用适当浓度的杀菌剂溶液灌根。②白粉病。由白
粉菌侵染所致，发病期为 7 ～ 8 月，7 月中旬为发病盛期。可用喷洒白
粉病专用农药防治。此外，尚有地老虎等害虫为害。

◆ 采收加工

人工种植天山雪莲以采花为主，当全田 85% 的植株开花时，在清
晨至上午 12 时采挖为宜。采挖的雪莲花必须在通风室内阴干，不宜在
强光下晒干，否则会降低药用品质和药性。

◆ 价值

在维吾尔族传统医学中，药材天山雪莲具补肾活血、强筋骨、营养
神经、调节异常体液等功效，用于风湿性关节炎，关节疼痛，肺寒咳嗽，
肾与小腹冷痛，白带过多等。在中医传统医学中，天山雪莲具温肾助阳、
祛风胜湿、通经活血等功效，常用于风寒湿痹痛，类风湿性关节炎，小
腹冷痛，月经不调。现代药理研究表明，天山雪莲具免疫调节、抗炎、
抗癌、脂肪生成抑制、神经保护和缺血损伤保护等作用。此外，天山雪
莲在化妆品和食品补充剂等行业也有很大的应用前景。

管状花

向日葵

向日葵是菊科向日葵属一年生草本植物。又称葵花。古称丈菊、西番菊、迎阳花。向日葵因幼苗和花盘有向日性而得名，是雌雄同花异花授粉作物。

◆ **起源与分布**

向日葵原产于北美洲西南部，其野生种则广泛分布在北纬30°～52°的北美洲南部、西南部及秘鲁和墨西哥北部地区。早在1493年哥伦布发现新大陆以前，当地居民就把向日葵列为栽培的作物。16世纪初，西班牙探险队员从秘鲁和墨西哥将向日葵种子带到欧洲，最初种在西班牙的马德里植物园作为花卉植物栽培，以后逐步传播到其他国家。到1779年以后，匈牙利人首先从向日葵籽实中提出油脂，才正式列为油料作物，栽培面积不断扩大。19世纪中叶，向日葵作为油料作物开始大面积栽培。20世纪60年代以后，向日葵在世界各地得到迅速发展，其中欧盟、俄罗斯、乌克兰、阿根廷、美国、中国、印度和土耳其是世界市场上向日葵的主要生产国。到1974年，全世界向日葵油脂产量已仅次于大豆，而跃居食用油产量的第2位。约在16世纪末或17世纪初，向日葵传入中国。明天启元年（1621），王象晋著《群芳谱》中已有记载。明、清代以来，向日葵在中国民间和各种文献中的别名甚多。长时期仅零星种植供观赏或采收干果食用。

中国向日葵主产区分布在北纬35°～55°的黄河以北省份，即东北、西北和华北地区，包括内蒙古、新疆、甘肃、山西、吉林、辽宁、黑龙江等省、自治区。向日葵的生产潜力很大，可向西南、中南和华东地区扩种。

◆ 形态特征

向日葵根系强大，可深入土层 2 ～ 2.5 米，耐旱性强。茎直立，高 0.8 ～ 4 米，质硬粗糙被有粗毛，圆形多棱角。叶多为心脏形，叶缘缺刻或锯齿状，密生茸毛。头状花序习称葵花盘，着生于茎秆顶端，直径一般为 20 ～ 30 厘米，四周有绿色苞叶。边缘是舌状花，花瓣大，多橙黄色，起引诱昆虫的作用。中间为管状花，花冠 5 裂齿状，多为橙黄色，两性花，雄蕊 5 个聚合一起呈聚药雄蕊，雌蕊 1 个。整个葵花盘一般有管状花 1000 ～ 1500 朵。果实为瘦果，倒长卵形，俗称葵花子。皮壳有黑、灰白相间、深灰色条纹或白色等，有棱线。油用种粒小，长 8 ～ 14 毫米，子仁饱满，皮壳薄，皮壳率 25% 左右，籽实含油率 40% 以上；食用种粒较大，含油率 20% ～ 30%，皮壳率高于油用种。

◆ 类型

油用向日葵

又称油葵。指种子主要作为油料的向日葵栽培类型。多为早熟或早中熟品种，生育期 85 ～ 105 天。植株较低矮，株高

油用向日葵

150～200厘米，多不分枝。叶片数30枚上下。叶片、花盘、籽粒均较小。籽粒较短，多卵圆形，壳薄仁饱。外壳多为黑色或黑灰条纹。种子含油率高，主要用于提取油脂，炒食的风味较次。

食用向日葵

食用向日葵又称食葵。指种子主要供炒食用的向日葵栽培类型。多为中晚熟品种，生育期110～140天。植株高大粗壮，株高250～300厘米，无分枝，或部分植株有分枝。叶片繁茂，总叶片数40枚上下。叶片、花盘、籽粒都较大。籽粒多长锥形，壳厚仁不很饱满。外壳多呈黑白相间的条纹。种仁含淀粉、糖分和蛋白质较多，烘炒后香醇酥脆可口，主要供炒食，因含油率低，很少用于提取油脂。

中间型向日葵

中间型向日葵又称兼用型向日葵。指植株性状、生育性状均介于油用型和食用型之间的向日葵类型。若做榨油用，其含油率偏低；若做嗑食用，籽实又嫌小，在国外常用来喂鸟。兼用型向日葵主要用于扒仁，作为植物蛋白质原料。

观赏向日葵

观赏向日葵指主要用于观赏的向日葵类型。植株矮小，枝叶茂密，多分枝、多花盘、花盘小、花色鲜艳，舌状花有黄、橙、乳白、红褐等色，管状花有黄、橙、褐、绿和黑等色。有单瓣和重瓣。花朵硕大，品种繁多，花色丰富，有深红、褐色、铜色、金黄、柠檬黄、乳白等颜色。主要用于插花、切花、盆花、染色花、庭院美化及花境营造等领域。在中国，观赏向日葵消费市场刚刚起步，具有一定的开发潜力。

◆ 价值

向日葵种子含油量高，油质好，是主要油料作物之一，也可直接食用。继大豆、油菜和花生之后，向日葵已成为世界第四大食用一年生油料作物。向日葵油是半干性油，油质优良，气味芳香，除作普通食用油、人造奶油、色拉油外，还供制造油漆、印刷油、润滑油、合成橡胶、肥皂和蜡烛等；油粕营养丰富，含蛋白质 30%～36%，脂肪 8%～11%，糖分 19%～22%，可做糕点馅、酱油、干酪素和味精，也是家禽、家畜的精饲料；脱粒后的葵花盘，含粗蛋白 7%～9%，与燕麦相近，含粗脂肪 6.5%～10.5%，果胶 3%，也是良好的饲料；茎秆可作造纸原料和压制隔音板；皮壳可用以提取活性炭、染料、酒精、糠醛以及制纤维板；茎秆和皮壳的灰分含钾量较高，可作钾肥；向日葵也可作青贮饲料，还是重要的蜜源植物。

向日葵油已经成为北美、俄罗斯及其他东欧国家的主要食用油，东南亚国家的市场需求量也很大。向日葵籽在炒货和籽仁市场中的消费量也非常大，小的向日葵籽在西方国家还用于鸟食和小宠物饲料。

迎　春

迎春是木樨科素馨属落叶灌木。又称迎春花、金腰带。迎春原产于中国，园林中普遍栽培。

迎春枝直立，顶端弯曲下垂成拱形，小枝绿色，四棱形。三出复叶对生。花单生，先花后叶。花冠黄色，管状，径 2～2.5 厘米；花冠管长 0.8～2 厘米，基部直径 1.5～2 毫米，向上渐扩大，裂片 5～6 枚。

迎春花

浆果紫黑色。花期 2 ～ 4 月。

迎春喜光，稍耐阴。喜温暖，较耐寒。喜湿润，也耐干旱，忌水涝，对土壤的适应性强。用扦插、压条、分株繁殖。根部萌蘖力强，枝条着地部分极易生根。

迎春小枝细长，呈拱垂状，枝条鲜绿，早春黄花满枝，引人注目，是中国北方常用的园林花木，可与山桃、山杏同植。花枝可用作切花材料。

连　翘

连翘是木樨科连翘属落叶灌木。又称旱连子、大翘子、空壳等。以其干燥果实入药，药材名连翘。

◆ 分布

连翘在中国主产于河南、河北、山西、陕西、甘肃、宁夏、山东、四川、云南等地。一般为野生，也有栽培。

◆ 形态特征

连翘小枝浅棕色，梢四棱，节间中空无髓。单叶对生，偶有三出小叶，叶片宽卵形至长卵形，边缘有不整齐的锯齿。花先叶开放，一至数朵簇生于叶腋；花萼四深裂，绿色，裂片长圆形或长圆状椭圆形，与花冠管近等长。花冠管状，

连翘花

黄色；裂片 4，长圆形或长圆状椭圆形；雄蕊 2，柱头 2 裂。蒴果木质，表面散生瘤点，成熟时 2 裂似鸟嘴。种子多数，有翅。花期 3～4 月。果期 7～9 月。

◆ 生长习性

连翘野生于海拔 800～1800 米的山坡、林下和路旁。海拔较低的地段只开花不结果。一般酸碱性土壤均可生长，盐碱地例外。连翘性喜湿润、凉爽气候，较耐寒，幼龄阶段较耐阴，成年阶段要求阳光充足。萌芽力强，每对叶芽都能抽枝梢，每年基部均长出大量新枝条。小枝一般于 2 月下旬～3 月上旬萌动，3 月中旬～4 月中、下旬先开花，后放叶。连翘花有二型，长花柱和短花柱，在栽培中两者混杂种植时结果率高。

◆ 繁殖方法

连翘可采用种子、扦插、压条等方法繁殖。

种子繁殖

选择土层深厚、疏松肥沃、排水良好的夹沙土地，于 3 月上、中旬播种。播前应将种子用 25～30℃ 温水浸泡处理萌芽后即行播种。播时在畦面上开横沟条播，行距 25～30 厘米。用种量约 3 千克/亩。播后覆土盖草保持湿润。当连翘苗高 10 厘米左右时，按株距 3～4 厘米定苗。做好松土除草、追肥、排灌等管理。当年秋或翌年春即可出圃定植。

扦插繁殖

选用通透性能良好、靠近水源的沙土地扦插繁殖连翘。秋季落叶后至发芽前扦插。选用 1～2 年生健壮枝条，截成 15～20 厘米长的插穗，留 2 ～ 3 个芽，按 10 厘米 ×25 厘米株行距插入苗床，深度以露出床面 1 ～ 2 个芽为宜。插后立即灌透水保持床面湿润，注意水肥管理，秋后即可出圃定植。

◆ **栽培管理**

选地与整地

栽植地宜选土层深厚、土质疏松、背风向阳的缓坡地。种植前进行翻地，按株行距 1.5 米 ×2 米挖穴，挖长、宽、深为 0.8 米 ×0.8 米 ×0.7 米的穴。施基肥与底土混匀。一般秋后整地。

移栽定植

连翘苗高 50 厘米时即可出圃定植。栽植前先在穴内施肥，每穴施有机肥 10 ～ 15 千克。栽时要使苗木根系舒展，分层踏实，定植点要高于穴面。

田间管理

连翘田间管理要点有：①中耕除草。郁闭前，应及时中耕除草。②施肥。郁闭前，每年 4 月下旬、6 月上旬结合中耕除草各施肥 1 次，每次施农家肥 2000 ～ 2500 千克 / 亩。郁闭后，每隔 4 年深翻林地 1 次。每年 5 月和 10 月各施肥 1 次，5 月以复合肥为主，10 月施厩肥。③抗旱排涝。注意好干旱时浇水和多雨时排水。

整形修剪

在定植后幼树高 1 米左右时，以自然开心形和灌丛形进行整形修剪。同时于每年冬季将枯枝、重叠枝、交叉枝、纤弱枝以及徒长枝和病虫枝剪除。生长期还要适当进行疏剪短截。

病虫害防治

连翘主要为害的害虫有钻心虫，可通过杀虫剂诱杀防治。

◆ 采收加工

连翘果实初熟期在 8 月中旬，果皮呈青色时采下，置沸水中煮片刻或放蒸笼内蒸 0.5 小时，取出晒干，外表呈青绿色，商品称为青翘。9 月下旬至 10 月上中旬，果实熟透变黄，果实裂开时采收，晒干，筛出种子及杂质，称为老翘。

◆ 药用价值

连翘药材味苦，性微寒。归肺、心、小肠经。具清热解毒，消肿散结，疏散风热之功效。用于痈疽，瘰疬，乳痈，丹毒，风热感冒，温病初起，温热入营，高热烦渴，神昏发斑，热淋涩痛。内含连翘脂素、连翘苷、连翘酚、熊果酸、齐墩果酸、牛蒡子苷及其苷元、花含芦丁等化学成分。

唇形花

铁皮石斛

铁皮石斛是被子植物门单子叶植物天门冬目兰科石斛属多年生草本植物。以新鲜或干燥茎入药，药材名铁皮石斛。同属的金钗石斛、鼓槌石斛、流苏石斛、齿瓣石斛及其近缘种均以石斛药材入药。

◆ 分布

铁皮石斛产于中国、日本、菲律宾、泰国、印度、马来西亚、澳大利亚和新西兰等国，主要分布于亚洲热带至大洋洲（波利尼西亚和澳大利亚），以喜马拉雅的尼泊尔和印度锡金一带最为丰富。中国有石斛属植物 74 种 2 变种，其中药用石斛 51 种，集中分布在云南、广西、广东、海南、贵州等省（自治区）和台湾地区北纬 15°30′～25°12′的地区。

◆ 形态特征

铁皮石斛茎直立，圆柱形，长 4～50 厘米，径 2～4 毫米，不分枝；具多节，节间长 1～6 厘米，具纵纹，铁灰色或灰绿色，有明显光泽且灰褐色的小节；节上有花序柄痕及残存叶鞘。常在中部以上互生叶 3～5 枚，纸质，长圆状披针形，长 3～7 厘米，宽 0.8～2.0 厘米。叶鞘灰白色常具紫斑，老时其上缘与茎松离而张开，并且与节留下 1 个环状铁青的间隙。总状花序，长 2～4 厘米，花直径 1.5～2.0 厘米，2～5 朵。唇形花，其中 1 枚花瓣变异成唇瓣，淡黄色，稍具香气。花序柄长 5～10 毫米，基部具 2～3 枚短鞘。花序轴回折状弯曲，花苞片干膜质，浅白色，卵形，长 5～7 毫米，先端稍钝。花梗和子房长 2～2.5 厘米。唇瓣长圆状披针形，长约 1.6 厘米，白色，基部具 1 个绿色或黄色的胼胝体，唇盘密被细乳突状短柔毛，上半部具有 1 个紫红色大斑块，下部两侧具有紫红色条纹，边缘多为波状。中萼片与花瓣相似，

铁皮石斛花

矩圆状披针形，长 1.7～1.9 厘米，宽 0.4～0.5 厘米。侧萼片基部较宽阔，宽约 1 厘米。萼囊圆锥形，长约 0.5 厘米，末端圆形。蕊柱黄绿色，长约 3 毫米，先端两侧各具 1 个紫点；蕊柱足黄绿色带紫红色条纹，疏生毛；药帽白色，长卵状三角形，长约 2.3 毫米，顶端中间开裂。果实为椭圆形蒴果，长 3～5 厘米，成熟时为黄绿色。花期 3～6 月，果期 7～11 月。

◆ 生长习性

铁皮石斛对生态环境要求严格，多附生于海拔 2100～2500 米的林缘岩石或有野藤攀附、长苔藓的阔叶树上。铁皮石斛喜阴凉、湿润的环境。通常与蕨类、藓类植物互生。对空气湿度需求大，超 70% 的空气湿度。适宜年均温度 17～22℃。降水需求在 1000 毫米以上。铁皮石斛种子极为细小，胚胎发育不完全，无胚乳组织，自然情况下发芽率极低，主要靠无性繁殖，从根部不断分蘖或从上部茎节处生根长出新植株。茎生命周期通常为 3 年，3～4 月初 2 年生茎的基部腋芽萌发成幼苗，1 枝母茎能发 1～3 个新苗。一般在第 3 年秋末至春末采收。

◆ 繁殖方式

铁皮石斛繁殖方式主要有无菌播种、组织培育、分株、分芽和扦插 5 种。亦可以采用种子繁殖，但因生长周期长且发芽率较低，很少采用。

无菌播种

选取经农艺性状综合鉴定分析的优良品种，经人工授粉后获取优良蒴果获得铁皮石斛种子后，在诱导萌发培养基上培养 30～50 天得到原球茎，再进行原球茎继代培养及分化培养、壮苗生根等步骤从而发育成完整植株的繁殖方法，具有出苗时间短、出苗量大、生产成本低、繁殖效率高的优点，在生产中广泛应用。

组织培养

铁皮石斛组织培养中，外植体选择最为广泛的主要是种子和茎段，其中以茎段为外植体最为合适。选择生长旺盛、健壮无病害植株，剪取当年生茎条，去除节上叶片，用刀片切取 3～5 厘米长的带节茎段，进行消毒后斜插进培养基中进行诱导出芽，培养 40 天后节间开始萌发侧芽，培养 60 天后，侧芽可长到 1～2 厘米，再经过侧芽培养、扩繁、炼苗等步骤获得新植株。铁皮石斛组织培养法具有操作过程简单、能够保证优良性状和诱导时间短等优点。

分株

选择在春季或秋季进行，以 3 月底或 4 月初石斛发芽前为好。选择长势良好、无病虫害、根系发达、萌芽多的 1～2 年生植株作为种株，将其连根拔起，除去枯枝和断枝，剪掉过长的须根，老根保留 3 厘米左右，按茎数的多少分成若干丛，每丛须有茎 4～5 枝，开过花后将其从盆中取出，清除植株根部泥土除去老根，用灭菌消毒后的切割刀从丛生茎的基部切开，分切时尽量少伤根系。将主株、分株分别栽种，填入新的基质并压实，注意养护方法，避免烈日照射，经一段时间后即可长成新的植株。

分芽

多在春季或夏季进行，以夏季为主，选取生长 3 年以上的植株，每年茎上都要萌发腋芽并长出气生根，成为小苗，当其长到 5～7 厘米，

具有 3～4 片叶, 2～3 条根, 根长 4～5 厘米的小植株时, 从母株上切下,
用草木灰或 70% 的代森锰锌处理伤口, 将茎段植入盆中即可, 需要浅植,
栽培 2 年后一般可开花成为商品花。

扦插

在春季或夏季进行, 以 5～6 月为好。铁皮石斛扦插繁殖可以结合
花后换盆和分株时一起进行, 选择未开花且健壮无病害的饱满圆润茎段
作为繁殖材料, 将枝条切成数段, 每段保留 2～3 个有效腋芽, 将茎插
入苔藓和泥炭混合的基质中, 一半露在外面, 放于半阴、潮湿处。每周
淋水 1 次, 适当遮阴。经过 60 天后待茎段腋芽生根萌发后, 将新植株
连上老茎一起上盆即可。

◆ 栽培管理

选地与整地

根据铁皮石斛的生长习性, 林下栽培的铁皮石斛栽培地宜选坡度在
40～60 度半阴半阳的环境, 空气湿度在 80% 以上, 地表腐殖质丰富、
通风、温暖湿润, 遮光率在 70%～80%, 冬季气温在 0℃ 以上地区,
岩石或活树附生栽培自然环境需求与林下栽培大致相同。根据种植地的
地理环境, 分区块因地制宜对乔木、灌木植被适当修剪、杂草合理清除,
铺设苗床, 苗床宽 1.2～1.5 米最为合适, 底层铺设 3～5 厘米碎石子,
中层铺设 3～5 厘米木质基质, 上层铺设 0.5～1 厘米有机基肥。

田间管理

浇水

水分管理是铁皮石斛田间管理的重要内容。刚移栽的铁皮石斛幼苗
对于水分尤其敏感, 应控制基质水分在 60%～70%。夏季高温期则需

要控制铁皮石斛水分，使其基质水含量在 45% 左右；进入冬季后，气温降至 10℃ 以下时，铁皮石斛基本停止生长而进入休眠状态，此时其对水分要求较低，应控制其基质水含量在 30% 以内。

除草

因温暖潮湿的环境，常滋生杂草，一般每年除草 2 次。第 1 次在 3 月中旬～4 月上旬，第 2 次在 11 月期间。夏季高温季节不宜除草，避免影响植株的正常生长发育。

施肥

由于石斛类为气生根，因此要喷施适宜的叶面肥作为营养，以供给植株充足的养分，利早发根长芽。一般移栽后 7 天，植株新根发生后开始喷施，7～10 天喷 1 次，连续喷 3 次。生长地贫瘠应注意追肥，第 1 次在清明前后，以氮肥混合腐熟的猪牛粪及河泥为主。第 2 次在立冬前后用花生麸、菜籽饼、过磷酸钙等加入河泥调匀糊在根部。此外，尚可根外追肥。

修枝

铁皮石斛生长地的郁闭度在 60% 左右，因此要经常对附生树进行整枝修剪，以免过于荫蔽或郁闭度不够。每年春天萌发新芽前，结合采收老茎将丛内的枯茎剪除，并除去病茎、弱茎以及病根腐根，栽种 5～6 年后视丛苑生长情况翻苑重新分枝繁殖。

◆ 病虫害防治

黑斑病

为移植苗常见病害，3～5 月为高发期，病害时嫩叶上呈现黑褐色斑点，斑点周围显黄色，逐渐扩散，严重时黑斑在叶片上互相连接成片，最后枯萎脱落。

炭疽病

由炭疽菌引起的一种常见病害，初期病叶表面呈黑色针点状，以后逐渐扩大成黑色的圆形凹陷斑或长条形病斑。1～5月均有发生。

煤污病

病害时整个植株叶片表面覆盖一层煤烟灰黑色粉末状物，严重影响叶片的光合作用，造成植株发育不良。3～5月为本病害的主要发病期。

软腐病

又称细菌性软腐病。通常在5～6月发生。种植前小苗发病时，似冻伤水渍状斑点，下部变茶褐色，有恶臭味，具有污白色黏液。

菲盾蚧

此害虫寄生在铁皮石斛植株叶片边缘或叶的背面，吸取汁液，引起植株叶片枯萎，严重时造成整个植株枯黄死亡。同时还可引发煤污病。

蜗牛

主要躲藏在叶背面啃吃叶肉或咬茎、为害花瓣。此虫害1年内可多次发生，一旦发生，危害极大。

地老虎

白天寄居在土壤中，清晨或傍晚活动。幼虫会啃咬铁皮石斛植株导致其死亡，每年4～5月为虫害高发期。

◆ 病虫害防治方法

物理防治和化学防治相结合。发现病株及时拔除销毁。

◆ **采收加工**

铁皮石斛通常在秋末至春初进行采收，采收时用 75% 酒精消毒剪刀，剪刀要快，剪口要平齐，在茎的基部要预留 2～3 个节，利于植株越冬和来年新芽萌发营养供给，采收后的枝条进行除根、除液，洗净后晾干，分类捆扎好后以鲜条供应或除去叶片及膜质叶，置于烤筛上烘软，用手搓揉成螺旋形，外裹牛皮纸，在进行降温至 50℃ 左右烘烤定型。也可以提供给企业进行深加工。铁皮石斛剪切部分须根后，边烘边扭成螺旋状或弹簧状，干燥后的药材习称"铁皮枫斗"或"西枫斗"。

◆ **药用价值**

铁皮石斛最早见于《山海经》，药用始载于《神农本草经》，称其：主治伤中，除痹，下气，补五脏，虚劳羸瘦，强阴；久服厚肠胃，轻身，延年。药用历代诸家本草均有录述。现代药理学研究证明，铁皮石斛除传统的滋阴清热、生津益胃、润肺止咳等功能外，还具抗衰老、抗肿瘤、降低血糖等作用，对胃肠道疾病、白内障、关节炎、血栓闭塞性脉管炎及慢性咽炎等疾病有疗效。

金钗石斛

金钗石斛是被子植物门单子叶植物天门冬目兰科石斛属多年生附生常绿草本植物。又称吊兰花、万丈须、金钗石、扁金钗、扁黄草、扁草等。以茎入药，药材名为石斛。

◆ **分布**

金钗石斛主要分布在东南亚热带和亚热带地区。在中国，主要分布在安徽、河南、广西、云南、贵州、台湾等地区。因需求量日益增大，野生资源经大量采挖而逐年萎缩，人工栽培品成为主要来源。在繁殖方式、栽培技术及活性成分等方面已开展了较为广泛的研究。

◆ **形态特征**

金钗石斛株高 10～60 厘米。茎丛生，直立，肉质状肥厚，茎粗达 0.5～1.4 厘米，具槽纹，茎节5～12节,节间长1～5.5厘米不等,干后金黄色。叶片基部有叶鞘包在茎节间上，叶片长椭圆形，长6～12

金钗石斛花

厘米，宽 1～3 厘米。花梗和子房淡紫色，长 3～6 毫米。花为总状花序，有花 1～4 朵。唇形花，浅紫色。具绿色的蕊柱足；药帽紫红色。花期4～5月。

◆ **生长习性**

金钗石斛喜温暖、半阴半阳、湿润环境。常附生于密林树干或岩石上，主要特点为具有气生根。野外生长环境需有适宜的附生、遮阴条件以及充足的水源来满足其生长属性。

◆ **繁殖方法**

金钗石斛一般采用无性繁殖和有性繁殖。无性繁殖主要有分株繁殖、扦插繁殖和高芽繁殖 3 种，其中以分株繁殖法为主。有性繁殖主要是种子繁殖。主要以贴石法和贴树法进行人工栽培。

◆ 栽培管理

选地与整地

选择在海拔 500 米以下的半阴半阳环境栽培金钗石斛。贴石法栽培垒石最好以泡沙石或丹霞石为主。贴树法栽培选择较粗大、沟槽多而深的阔叶树种，如榕树、梨树等阔叶树。

田间管理

金钗石斛的田间管理项目有：①施肥。金钗石斛不管是春季还是秋季定植时，结合施基肥固定植株。植株成活后，每年春秋各施肥 1 次，施肥时间都要在清晨露水干后进行，严禁在烈日当空的高温下施用。②水分。在浇水灌溉时，只要喷湿植株和石头表面即可。③遮阴。喜阴植物，只需要 30% ～ 70% 的阳光就能正常生长，在集约化栽培中，需种植遮阴阔叶树或者采用遮阳网进行遮阴。④培植地衣。地衣主要起到固定和保水保肥作用。⑤清除杂草。施肥前进行人工杂草清除。⑥翻蔸管理。栽种 5 年以上应根据生长情况进行翻蔸，除去枯朽老根，进行分组分蔸，分出来的植株另行栽培，以促进植株的生长和增产增收。

病虫害防治

金钗石斛栽培过程中的病害主要有：①猝倒病。防治方法包括加强通风，降低温度和湿度，拔除受害株立即烧毁，以及采用杀菌剂防治。②炭疽病。防治方法包括清除田间杂草，降低田间湿度，以及药剂防治。③软腐病。主要有根腐病、茎腐病，属真菌性病害。防治办法主要是在发病初期及时采用药剂防治。

金钗石斛栽培过程中的害虫以蛾类害虫为主，主要是刺蛾类、毒蛾类、夜蛾类的幼虫为害。防治方法：物理防治，灯光诱杀或人工捕捉；化学药剂防治。

◆ 采收加工

金钗石斛栽培 2 ～ 3 年后一年四季均可采收，但以立冬至清明植株未萌芽收获的为最佳，用剪刀从茎基部 10 厘米处将生长两年以上植株剪下来放在通风、干燥、避光之处。如果作为鲜石斛茎秆出售，需要分级包扎。

金钗石斛的花和茎秆的初加工流程为：①花。晾晒或烘干—去杂—稳量—包装—保存。②茎秆。除根除草除叶—浸泡—揉搓—去膜质—晾干—（切段）沙烫（5 分钟）—烘烤（7 ～ 8 成干）—发汗（7 ～ 12 小时，变金黄色）—再次烘烤（全干）—包装入库。

◆ 药用价值

石斛是常见的名贵中药材。味苦、淡、微咸，性寒。具增强免疫力、强阴益精、生津养胃、润肺止咳、抗癌等功效。在医药临床主要用于治疗眼科疾病、慢性咽炎、消化系统疾病、血栓、关节炎等，在癌症放疗、化疗后的副作用消除和体能恢复方面也有明显的效果。石斛碱是截至 2019 年所知的金钗石斛的主要药用成分。

石香薷

石香薷是被子植物门真双子叶植物唇形目唇形科石荠苎属一种一年生草本植物。以带花全草或地上部分入药，药材名香薷，习称"青香薷"。又称香菜、香茸、蜜蜂草等。

石香薷在中国主产于广西、广东、湖南、湖北等地。栽培历史悠久。

石香薷花

◆ **形态特征**

石香薷株高可达 40 厘米。茎基部多分枝或不分枝。叶线状长圆形或线状披针形。总状花序头状，长 1～3 厘米；唇形花，花冠紫红、淡红或白色，长约 5 毫米；雄蕊及雌蕊内藏。小坚果灰褐色，球形。花期 6～9 月，果期 7～11 月。

◆ **生长习性**

石香薷喜温暖湿润的气候，怕旱、怕涝，不耐寒。对土壤适应性较强，忌连作。种子直播前期生长缓慢，5 月进入快速生长时期，6 月进入花蕾期，7～8 月为植株生长的旺盛时期，9 月进入果期。

◆ **繁殖方法**

石香薷采用种子直播和育苗移栽繁殖，以种子直播为主。

◆ **栽培管理**

石香薷栽培管理技术要点有：①选地与整地。选择背风向阳、土质疏松肥沃的壤土或沙壤土。深翻土地，曝晒，熟化。整地作畦，施入腐熟的农家肥作底肥，耙细整平，适当喷洒除草剂。②田间管理。当幼苗高 3～5 厘米时进行间苗，待苗高 10 厘米时定苗。幼苗期，见草就拔。成苗期，也要适时结合施肥进行除草。以施氮肥为主，配施无机肥，适当追施磷钾肥。因石香薷喜湿怕涝，需及时给排水。③病虫害防治。常见病害为根腐病。病害防治方法：选用无病种苗，及时清除杂草和残叶，保持种植地通风良好，雨季及时排水；发病初期可用杀菌剂防治。常见害虫为小地老虎。虫害防治方法：采取杀虫菌进行人工毒杀。

◆ **采收与加工**

小暑前后，石香薷生长到半花半籽时，将全株拔起，阴干，水淋软化，切制成 1 厘米小段，烘干，或趁鲜切制后直接干燥后储藏。

◆ **药用价值**

香薷味辛、性微温。有发汗解暑、和中化湿、行水消肿之功效。可用于治疗外感风寒、恶寒发热、头痛无汗、脘腹疼痛、呕吐腹泻等。

2015 版《中华人民共和国药典》同时收载同属植物江香薷作为药材香薷的基原植物，是石香薷的 1 个栽培新变种。

冬凌草

冬凌草是被子植物门真双子叶植物唇形目唇形科香茶菜属多年生草质小灌木。又称碎米桠、冰凌草等。干燥地上部分入药，药材名冬凌草。

◆ **分布**

冬凌草分布于中国河南、山西、湖北、四川、贵州、江西及湖南等地。主产于河南、山西太行山一带。已初步实现人工栽培。

◆ **形态特征**

冬凌草根茎木质。茎直立。茎叶对生，基部宽楔形。圆锥花序，花二唇形。小坚果倒卵状三棱形。

冬凌草花

花期 7 ～ 10 月，果期 8 ～ 11 月。

◆ **生长习性**

冬凌草多生于灌木林下。属阳性耐阴植物。略喜阴。对土壤要求不严，以土层深厚、土壤肥沃、沙质壤土生长最佳。

◆ **繁殖方法**

冬凌草有种子繁殖和根茎繁殖两种方式。

种子繁殖：春季，种子用水浸种 12 小时，沥水与草木灰拌匀后，均匀地撒入沟内，覆盖土，以不见种子为度。播后浇水，用种量约 0.5 千克 / 亩。

根茎繁殖：3 月初，将根茎分成 8 ～ 10 厘米长的小段，每段根茎 3 ～ 4 个芽，行距 35 厘米开沟，沟深 5 厘米左右，株距 35 厘米栽种，覆土镇压，浇定植水。

◆ **栽培管理**

冬凌草栽培管理要点有：①选地与整地。选择地势平坦、灌溉方便、光照、排水良好的平地或 ≤ 25° 缓坡为宜。施足基肥，耙细整平，作畦。②田间管理。封垄前尽早除尽杂草。种植后保持土壤湿润，干旱及时浇水。雨后及时疏沟排水。合理追肥，重施基肥，以农家肥为主，中期追施一定氮肥。③注意病虫害防治。甜菜夜蛾可用毒饵诱杀或人工捕杀方法防治。叶斑病可通过及时排水、降低湿度、在发病初期使用杀菌剂等方法防治。

◆ **采收加工**

冬凌草年采收 2 次。割取地上草质部分。阴干或晾干。

◆ 药用价值

冬凌草药材味苦，性甘、微寒。归肺、胃、肝经。具有清热解毒，活血止痛的功效。用于咽喉肿痛，癥瘕痞块，蛇虫咬伤等病症。冬凌草主要含有二萜类、黄酮类、氨基酸类、挥发油类及多糖等化学成分。

假龙头

假龙头是被子植物门真双子叶植物唇形目唇形科假龙头花属多年生宿根草本花卉。又称随意草、囊萼花、棉铃花、伪龙头、芝麻花、虎尾。

假龙头原产于北美洲。其小花密集，如将小花推向一边则不会复位，因而得名随意草。

假龙头花茎丛生而直立，四棱形，株高可达 0.8 米。单叶对生，披针形，亮绿色，边缘具锯齿。穗状花序顶生，长 20～30 厘米。每轮有花 2 朵，花筒长约 2.5 厘米，唇瓣短，花茎上无叶，苞片极小。花萼筒状钟形，有三角形锐齿，上生黏性腺毛，唇口部膨大，排列紧密。花冠唇形，有粉色、白色。夏季开花，花期 8～10 月。

假龙头花色艳丽，花穗大且整齐一致，花期长，开花后修剪可二次开花。抗寒性强，在中国华北地区不加

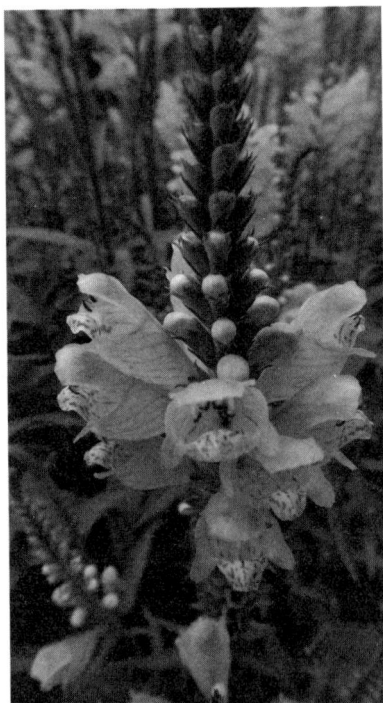

假龙头花

任何防护即可安全露地越冬。适用于大型盆栽或切花，栽培管理简易。宜布置花境、花坛背景或在野趣园中丛植。

石荠苎

石荠苎是被子植物门真双子叶植物唇形目唇形科石荠苎属一年生草本植物。又称母鸡窝、痱子草、叶进根、紫花草、小苏金、野薄荷等。石荠苎分布于中国中南部。石荠苎是一种田间杂草，由于其扩散性不强，在农业生产上尚未造成严重危害。

◆ 形态特征

石荠苎茎高 20～100 厘米，多分枝，分枝纤细，茎、枝均四棱形，具细条纹，密被短柔毛。叶卵形或卵状披针形，长 1.5～3.5 厘米，宽 0.9～1.7 厘米，先端急尖或钝，基部圆形或宽楔形，边缘近基部全缘，自基部以上为锯齿状，纸质，上面榄绿色，被灰色微柔毛，下面灰白，密布凹陷腺点，近无毛或被极疏短柔毛；叶柄长 3～16（20）毫米，被短柔毛。总状花序生于主茎及侧枝上，长 2.5～15 厘米。苞片卵形，长 2.7～3.5 毫米，先端尾状渐尖，花时及果时均超过花梗。花梗花时长约 1 毫米，果时长至 3 毫米，与序轴密被灰白色小疏柔毛。花萼钟形，长约 2.5 毫米，宽约 2 毫米，外面被疏柔毛，二唇形，上唇 3 齿呈卵状披针形，先端渐尖，中齿略小，下唇 2 齿，线形，先端锐尖，果时花萼长至 4 毫米，宽至 3 毫米，脉纹显著。花冠粉红色，长 4～5 毫米，外面被微柔毛，内面基部具毛环，冠筒向上渐扩大，冠檐二唇形，上唇直立，扁平，先端微凹，下唇 3 裂，中裂片较大，边缘具齿。雄蕊 4，后对能育，药室 2，叉开，前对退化，药室不明显。花柱先端相等 2 浅裂。花盘前方呈指状膨大。小坚果黄褐色，球形，直径约 1 毫米，具深雕纹。花期 5 ～ 11 月，果期 9 ～ 11 月。

◆ **生长习性**

石荠苎生长于海拔 50 ～ 2900 米的开阔耕地、小灌木丛、林缘、路旁、沟旁、溪边及山坡树丛下。

◆ **价值**

石荠苎提取物具有抗菌、抗病毒、抗过敏、消炎、调节免疫力等作用，也具有抑制流感病毒的作用。石荠苎全草入药，治感冒、中暑发高烧、痱子、皮肤瘙痒、疟疾、便秘、内痔、便血、疥疮、湿脚气、外伤出血、跌打损伤。全草可杀虫，根可治疮毒。

溪黄草

溪黄草是被子植物门真双子叶植物唇形目唇形科香茶菜属多年生草本植物。干燥地上部分可入药，药名溪黄草。

◆ **分布**

溪黄草野生分布于长江以南的湖南、四川、云南、江西、广东、广西等地。远东和朝鲜地区也有。

◆ **形态特征**

溪黄草根茎较小。茎粗长，四棱钝圆，纵沟纹明显，疏生短毛，有对生分枝；表面淡黄棕色、灰棕色、淡紫棕色或淡绿色。叶对生，具柄，柄被短细毛；叶片椭圆状卵形至卵状披针形。圆锥花序由聚伞花序组成，花小；花冠唇形，白色或粉红色，具紫色斑点，雄蕊及花柱伸出花冠之外。花果期8～12月。

溪黄草花

◆ **生长习性**

溪黄草属长日照植物，喜光照。常生于溪边、沟旁或山谷湿润处。在充足的阳光下，种子发芽良好，利于茎叶生长，植株生长健壮。在南方的生长周期约为190天。植株生长的最适宜温度为20～30℃。对土壤适应性较广，pH为5.5～7.0的沙土、沙壤土和壤土等均可种植。

◆ **繁殖方法**

溪黄草以种子繁殖为主，亦可用扦插繁殖和分株繁殖。

种子繁殖

溪黄草种子通常在秋季成熟，秋季和春天都可播种。播种方法采用撒播或条播均可。撒播时将种子和细沙按1：（5～6）搅拌均匀后，将其均匀地撒在地块上，然后覆1层细土即可，在土壤上再盖草保温保湿。条播要在地面上开沟，将种子均匀地撒入沟内，再覆土浇水，水要浇透浇匀。

扦插繁殖

春、夏两季是溪黄草扦插繁殖的最好季节，成活率高。选取健壮枝条，截成长10～15厘米，具3～4个节，仅留顶梢1～2片叶。扦插株行距约4厘米×5厘米。扦插完后浇透水，上盖荫蔽度50%的遮阳网，以防阳光直照。

分株繁殖

翌年春天，溪黄草匍匐根茎上长出许多分蘖的新苗，可用这些分蘖作种苗移植。此法简便，成活率高。

◆ **栽培管理**

选地与整地

选土质疏松、肥沃，向阳、排水良好、用水方便的地块种植溪黄草，忌干旱或长期渍水的地块。整地先施堆肥或农家肥，每亩施农家基肥 3000 ～ 4000 千克，翻松，打碎，整畦，畦面宽 1 ～ 1.2 米，沟深20 ～ 30 厘米，畦面要整齐。

田间管理

人工栽培溪黄草的田间管理项目主要有：①补苗。定植后遇缺株应及时补上同龄苗，保证全苗生产。②灌溉与排水。苗期要注意浇水保苗，防止干旱，促进根系下扎，以利于培育壮苗。植株封行后，耗水量增大，要经常保持土壤湿润。在雨季，要及时排水，以减少病害的发生和烂根。③中耕除草。一般每年中耕 3 ～ 4 次。④追肥。移植 15 ～ 20 天后可施腐熟农家肥 1 次，每亩约 1000 千克。以后每月施有机肥 1 ～ 2 次。植株封行后可改施颗粒复合肥 1 ～ 2 次，每亩 30 千克。

病虫害防治

溪黄草栽培过程中的常见病害有白粉病。发病初期在叶面、叶背、幼茎上产生白色近圆形的小粉斑，扩大后呈不规则形粉斑，并遍及全叶，受害的叶片迅速枯黄。后期的病灶处散生小黑点。防治方法：加强田间管理，提高植株抗病力，保持植株间通风良好，营造不利于孢子萌发的条件；早期发现染病的植株，拔除烧毁，可用药剂防治。

溪黄草栽培过程中的常见害虫有斜纹夜蛾。为害症状初孵幼虫在叶背群集取食，严重时将叶片吃成纱网状。防治方法：综合田间管理，及时摘除卵块和初孵化幼虫；利用成虫趋光性，用黑光灯诱杀。

◆ 采收与加工

溪黄草每年可收割 2 次，春季种植后 90 天即可收第 1 次。如管理得当，在首次收割后 70 ～ 80 天可收第 2 次。每次收割时，用镰刀在植株茎基部离地面 2 ～ 3 厘米处割下，这样有利于分蘖萌芽。收割时选择晴天，割后便可以立即晒干，以防叶片脱落。收割后应拣除杂草、污物，剔除腐烂变质部分，后才晒干。如遇阴雨天，亦可烘干。

◆ 药用价值

药材溪黄草主要用于治疗急性黄疸型肝炎、急性胆囊炎、湿热痢疾、肠炎、跌打瘀肿和养生保健等。现已开发出多种以其为主要原料的保健品和中成药，如溪黄草冲剂、溪黄草袋泡茶、消炎利胆片、复方胆通等，对护肝利胆、抗肿瘤有着显著的作用。

薄　荷

薄荷是被子植物门真双子叶植物唇形目唇形科薄荷属多年生草本植物。又称南薄荷、蕃荷菜、夜息香、野仁丹草等。以干燥地上部分入药，名为薄荷。

◆ 分布

薄荷广泛分布于中国各地。曾主产于江苏、安徽，称苏薄荷；江西、

四川、云南也有栽培，但栽培面积较小，
现新疆地区栽培面积较大。产区在间套作、
肥料试验等方面的研究已取得较大进展。
其他国家亦有栽培，其中以印度生产规模
最大。

薄荷花

◆ 形态特征

薄荷株高达100厘米，有芳香。根状茎细长，白色或浅绿色，伸展
在土中；地上茎直立，基部稍倾斜，棱形，具分枝，无毛或略有倒生
的柔毛，角隅及近节处毛较显著。叶对生，叶形变化较大，卵状披针形、
长圆状披针形至椭圆形，长2～7厘米，宽1～3厘米，先端锐尖或渐尖，
基部楔形，边缘具细锯齿。侧脉5～6对，两面具柔毛及黄腺鳞，下面
较密。轮伞花序腋生，球形，有梗或无梗，苞片数枚，条状披针形。花
萼管状钟形，长2～3毫米，外被柔毛及腺鳞，具10脉，萼齿狭三角
状钻形，缘有纤毛。花冠唇形，淡紫色或白色，冠檐4裂，上裂片顶端2
裂，较大，冠喉内被柔毛。雄蕊4，前对较长，均伸出花冠之外。小坚
果长卵原形，褐色或淡褐色，具小腺窝。花期7～10月，果期8～11月。

◆ 生长习性

薄荷在海拔2100米以下地区均可生长，300～1000米最适宜。除
过沙、过黏、酸碱度过重以及低洼排水不良的土壤外均能种植，以土壤
pH为6～7.5的沙壤、冲积土为宜。

薄荷再生能力较强，地上茎叶收割后，又能抽生新的枝叶，并开花
结实，故中国多数地区1年收割2次，分别称为"头刀"与"二刀"，

其生长周期均可分为苗期、分枝期、现蕾开花期。从出苗到分枝出现为苗期，自出现第 1 对分枝到开始现蕾的阶段为分枝期，现蕾开花期"头刀"薄荷在 6 月下旬至 7 月中下旬，"二刀"薄荷约在 10 月上中旬。

薄荷地下根茎宿存越冬，能耐 -15℃ 低温。春季地温稳定在 2 ～ 3℃ 时，根茎萌动；8℃ 时出苗。早春刚出土的幼苗能耐 -5℃ 的低温。气温低于 15℃ 时生长缓慢，高于 20℃ 时生长加快，生长最适宜温度 25 ～ 30℃。秋季气温降到 4℃ 以下时，地上茎叶枯萎死亡。生长期间昼夜温差大，利于薄荷油和薄荷脑的积累。

薄荷属长日照作物，喜阳光，喜湿润环境，不同生育期对水分要求不同。"头刀"薄荷的苗期、分枝期要求土壤保持一定的湿度。到生长后期，特别是现蕾开花期，对水分的要求则减少，收割时以干旱天气为好。"二刀"薄荷的苗期由于气温高，蒸发量大，生产上又要促进薄荷快速生长，所以需水量大，伏旱、秋旱是影响"二刀"薄荷出苗和生长的主要因素。"二刀"薄荷封行后对水分的要求逐渐减少，尤其在收割前要求无雨，才有利于高产。

◆ 繁殖方法

薄荷可用根茎繁殖、扦插繁殖或种子繁殖。生产上多用根茎繁殖，扦插繁殖在新产区扩大生产中使用，种子繁殖在育种中使用。

种子繁殖

每年 3 ～ 4 月将薄荷种子与少量干土或草木灰掺匀播到苗床，覆土 1 ～ 2 厘米，覆盖稻草、浇水，2 ～ 3 周出苗。但幼苗生长缓慢，易发生变异。

根茎繁殖

薄荷种茎有通过扦插繁殖的种茎或收获后遗留在地下的地下茎两种，前者粗壮发达，白嫩多汁，黄白根、褐色根少，无老根、黑根，质量好。采用开沟条播或撒播。在整好的畦面上，按 25 ～ 33 厘米的行距开沟，播种沟深度为 5 ～ 7 厘米，干旱天气宜深，土壤黏重、易板结的要浅。

播种量：秋播用白色根茎 50 ～ 70 千克 / 亩，如种根粗壮需适当增加数量；夏播以 150 千克 / 亩为宜。

◆ 栽培管理

选地与整地

选土质肥沃，土壤 pH 为 6 ～ 7，保水、保肥力强的壤土、沙壤土。老产区不选薄荷连茬地，或前茬为留兰香的地块；新产区以玉米、大豆田为好。种植地块应在前茬收获后及时翻耕、做畦，一般畦宽为 1.2 米左右，整成龟背形。要求畦面整平、整细。

田间管理

人工栽培薄荷的田间管理项目主要有：①查苗补缺。播种移栽后及时查苗，断垄长度超 50 厘米需移栽补苗。②去杂去劣。在早春植株有 8 对叶以前进行。③中耕除草。开春苗齐后到封行前要进行 2 ～ 3 次。封行后要在田间拔除杂草。"二刀"薄荷田间中耕除草困难，应在"头刀"收后，结合锄残茬，拣拾残留茎茬和杂草植株，清沟理墒，出苗后多次拔草。④摘心。种植密度不足或与其他作物套种、间种时，可采用摘心的方法增加分枝数及叶片数，以弥补群体不足，增加产量。⑤追肥。注重氮、磷、钾平衡施用。⑥排水灌溉。生长前期干旱要及时灌水。"二刀"薄荷前期正值伏旱、早秋旱常发生的季节，灌水尤为重要。薄荷生长后期，要注意排水，降低土壤湿度。收割前 20 ～ 30 天停止灌水，防止植株贪青返嫩，影响产量、质量。

◆ 病虫害防治

锈病

锈病主要为害薄荷叶片和茎。一经为害，叶片黄枯反卷、萎缩而脱落，植株停止生长或全株死亡，导致严重减产。防治方法：①加强田间管理，改善通风条件，降低株间湿度，以增强抗病能力。②发现少数病株立即拔除。③发病后用化学药剂防治。④如在收获前夕发病，可提前数天收割。

薄荷斑枯病

薄荷斑枯病又称白星病。严重时引起薄荷叶片枯萎，造成早期落叶。防治方法：①收获后清除病残体，生长期及时拔除病株，集中烧毁，以减少田间菌源。②选择土质好、容易排水的地块种植薄荷，并合理密植，使行间通风透光，减轻发病。③实行轮作。④发病期喷洒药剂。

虫害

栽培薄荷主要害虫有小地老虎、银纹夜蛾和斜纹夜蛾。防治方法：用杀虫剂防治或采用物理方法诱杀。

◆ 采收加工

以薄荷油量为评价指标时，适宜采收期分别为 7 月下旬、10 月上中旬，选晴天中午进行收割。

以药材为主时，收割后需运回摊开阴干 2 天，然后扎成小把，继续阴干或晒干，晒时经常翻动，防止雨淋或着露。

以原油销售为主时，进行薄荷油提取。薄荷油蒸馏方法有水中蒸馏、水蒸气蒸馏和水上蒸馏等 3 种类型。

◆ **药用价值**

薄荷药材味辛，性凉。入药历史悠久。《药性论》载"去愤气，发毒汗，破血止痢，通利关节"。《唐本草》曰"主贼风，发汗。（治）恶气腹胀满。霍乱。宿食不消，下气"。《本草图经》有"治伤风、头脑风，通关格，小儿风涎"。《本草纲目》称"利咽喉、口齿诸病。治瘰疬，疮疥，风瘙瘾疹"。故中医认为有疏散风热、清利头目、利咽、透疹的功效。用于风热感冒、头痛、目赤、咽痛、口疮、风疹、麻疹等症。经常和荆芥配伍用在解表、清头目、利咽喉、止痒、透疹等治疗。全草含挥发油，称薄荷油，油中含 L - 薄荷脑、L - 薄荷酮、薄荷酯类，以及 D-8- 乙酰氧香芹艾菊酮等。薄荷油也是医药卫生、日用化工、食品工业等重要原料之一。

黄 芩

黄芩是被子植物门真双子叶植物唇形目唇形科黄芩属多年生草本植物。以其干燥根入药，药材名黄芩。

野生黄芩资源主要分布在中国东北、华北、西北等省区，主要栽培产区为山东、山西、陕西、甘肃、河北等地区。20 世纪末开始进行人

工栽培，从种子繁殖、扦插繁殖等方
面开展了较深入探讨，已经制定了规
范化的黄芩生产技术规程。

◆ **形态特征**

黄芩主根粗大，略呈圆锥形，外
皮褐色。茎高 30 ～ 70 厘米，方柱形，
丛书多分枝，光滑或被短毛。单叶对
生，呈卵状披针形、披针形或线状披
针形，先端钝或急尖，基部圆形，全缘，
具睫毛，表面光滑或被短毛，背面有

黄芩花

腺点，光滑或仅在中脉有短毛；具短柄或无柄。总状花序顶生，花偏向
一边。花萼钟状，被白色长柔毛，先端 5 裂。花冠蓝紫色，二唇形，上
唇长于下唇，筒状，上部膨大，基部细，表面被白色短柔毛。雄蕊 4, 2 强；
雌蕊 1，子房 4 深裂，花柱基底着生。小坚果 4 枚，类圆形，黑褐色，
包围于宿萼中。花期 7 ～ 8 月，果期 8 ～ 9 月。

◆ **生长习性**

黄芩喜温和气候和光照，耐旱耐寒。适宜于中性或偏碱性、土质疏松、
肥沃的土壤生长。种子发芽适宜温度 20 ～ 25℃，发芽率一般为 60%。
在适宜的条件下播种，一般 10 天出苗，3 ～ 5 天出齐。第 1 年植株生
长缓慢，花期长，可延续 2 ～ 3 月。10 月地上部分枯萎，翌年 4 月返青。

◆ **繁殖方法**

黄芩以种子繁殖为主，亦可用分株或扦插繁殖。选择 2 ～ 3 年的生

长健壮、无病虫害的植株采种。8～9月种子成熟，由于种子成熟期不一致，需随熟随采。可采用春播和秋播，一般春播在4月，秋播在8月。采用条播，按行距25厘米开2～3厘米的浅沟，将拌有农药、肥料的种子均匀撒入沟内，覆土2厘米，稍加镇压。播种量每亩1千克。保持土壤湿度，以利出苗。

◆ **栽培管理**

黄芩栽培管理要点有：①选地与整地。宜选排水良好、阳光充足、土层深厚、肥沃疏松的沙质土壤。忌连作。配合深翻施农家肥作为基肥，耙细整平。可做50厘米高垄以利于排水。②田间管理。间苗除草，在幼苗高度超过5厘米后，结合除草分2次拔掉过密和弱小苗，按照株距10厘米定苗。追肥，在6～7月生长旺盛期，可结合除草追肥，以补充氮磷钾；留种田在花期到来前追肥。灌溉，黄芩苗期不能太旱，随土壤墒情随时浇水；成苗抗旱能力强，一般不需浇水；黄芩怕涝，忌田间积水，需及时排涝。修剪，生产田通过修剪黄芩地上部分来促进地下部分生长，在6～7月花期，可修剪花枝，减少养分消耗，促进根部生长。③病虫害防治。叶枯病为害黄芩主根。防治方法包括注意选地，地势最好有坡度，通风好，土壤疏松；农田要注意轮作；及时清理田间杂物；结合化学杀菌剂喷施。根腐病为害黄芩根部，可通过注意田间排水，适当使用农药来防治。

◆ **采收与加工**

黄芩栽培2～3年即可采收。春秋两季均可采挖。刨挖时不要断根，挖出后去掉泥土，晒至半干，放入箩筐或桶中来回撞击，撞掉须根和老皮，再晒干。晾晒时防止雨淋。

◆ 药用价值

黄芩入药始载于《神农本草经》，列为中品。蒙、藏医药文学均有记载。味苦，性寒。归肺、脾、胆、大小肠经。有清热燥湿，泻火解毒，止血，安胎功效。主治肺热咳嗽，血热妄行，湿热下痢，胎动不安，动脉硬化，高血压，植物神经紊乱等症。《中华人民共和国药典》（2015年版一部）规定黄芩中黄芩苷含量不得少于9.0%。除中医配方外，大量用作中成药原料。中国适合黄芩种植的地区广，生产潜力大。

益母草

益母草是被子植物门真双子叶植物唇形目唇形科益母草属1年生或2年生草本植物。又称益母蒿等。以新鲜或干燥地上部入药，药材名益母草；干燥成熟果实入药，药材名茺蔚子。益母草产于中国各地，主产山东、江苏等地。

◆ 形态特征

益母草主根密生须根。茎直立，通常高30～120厘米，四棱，有倒糙伏毛。下部叶卵形，3裂，裂片上再分裂；中部叶菱形，较小；上部苞叶近无柄。轮伞花序腋生，花8～15；花梗无。花冠粉红至淡紫红色，二唇形。雄蕊4，

益母草花

花柱丝状，略超雄蕊。坚果三棱，长 2.5 毫米。花期 6 ～ 9 月，果期 9 ～ 10 月。

◆ 生长习性

益母草属浅根性植物。生长于多种环境。喜阳光，怕涝。种子无休眠。花果期因播期而异。

◆ 繁殖方法

益母草一般采用种子繁殖。春播、夏播或秋播。按行距 25 厘米，开深 5 厘米沟播种，覆土稍压，保持土壤湿润。

◆ 栽培管理

益母草栽培管理要点有：①选地与整地。选向阳地块。耕翻整畦，穴播可不整畦。②田间管理。苗高 5 厘米时间苗，15 厘米定苗。株距 10 厘米。中耕除草不要过深，注意培土护根。以施氮肥为主追施复合肥。浇水，但防积水。③病虫害防治。主要有白粉病、锈病等病害，以及蚜虫、红蜘蛛等虫害。一般综合防治病虫害的发生。

◆ 采收加工

依据采收目的，益母草有不同的采收加工方式：①鲜益母草。幼苗期或花前期齐地割取。②干益母草。花未开或初开时齐地割取。整株或切段晒干。③茺蔚子。果实成熟后割取地上部，晒干，打下果实，除杂。

◆ 药用价值

药材益母草味苦、辛，性微寒。具活血调经，利尿消肿，清热解毒作用。用于月经不调、痛经经闭、恶露不尽、水肿尿少，疮疡肿毒，瘀滞腹痛等。为妇科经产用药，也用于肾炎水肿。含盐酸水苏碱和盐酸益母草碱等成分。

茺蔚子味辛、苦，性微寒。具活血调经，清肝明目作用。用于月经不调、经闭痛经、目赤翳障、头晕胀痛等。含盐酸水苏碱等成分。

紫　苏

紫苏是被子植物门真双子叶植物唇形目唇形科紫苏属的一种。名出《食疗本草》。

紫苏分布于中国大部分地区，以及不丹、印度、中南半岛、印度尼西亚、日本和朝鲜半岛，并已被广泛栽培。

紫苏

紫苏为一年生草本植物，植株芳香味道。茎直立，高可达 2 米，被细柔毛或长柔毛。叶柄长 3 ～ 5 厘米。叶片被柔毛，宽卵形至近圆形，常呈紫色或紫黑色。叶缘有锯齿，叶基近圆形至宽楔形。轮伞花序组成顶生和腋生假总状花序，长可达 15 厘米，密被长柔毛。苞片卵形，长约 4 毫米，被红棕色腺体。花萼筒钟状，基部被柔毛和黄色腺体，果期膨大。花冠二唇形，常呈粉红或紫红色，疏被柔毛；上唇先端微凹，下唇 3 裂，中裂片较大。小坚果近球形，灰褐色，直径约 1.5 毫米，表面具网纹。

紫苏茎叶含芳香油 0.1% ～ 0.2%，主要成分为紫苏醛，其次为柠檬烃、蒎烯等；种子含油量45.3%。紫苏可供药用，也可作为香料。入药部分以茎叶及籽实为主，叶为发汗、镇咳、芳香性健胃利尿剂，有镇痛、镇静、解毒的作用，可治感冒。种子能镇咳、祛痰、平喘。叶可供食用，与肉类同煮可增加香味。种子油供食用，亦有防腐作用。

夏枯草

夏枯草是被子植物门真双子叶植物唇形目唇形科夏枯草属的一种。名出《神农本草经》。《本草正义》谓："此草夏至自枯，故得此名。"

夏枯草在世界广布，中国大部分地区均有分布。生于山坡、草地、溪边、林缘或灌丛中。

夏枯草为多年生草本植物。基部多分枝，茎高一般不超过30厘米，疏生糙毛或近无毛。叶片披针形至卵形，长可达6厘米，近无毛或疏生长柔毛。叶基截形或宽楔形，叶全缘或呈波状，叶先端钝或圆形。穗状花序顶生，长2～4厘米。苞片紫色，心形，先端具尖头。花萼筒钟状，二唇形，疏生刚毛。花冠二唇形，无毛，紫色或白色，稍稍伸出萼筒；上唇近圆形，先端微凹；下唇3裂，中裂片近倒心形，侧裂片长圆形。雄蕊4枚，前对雄蕊更长。小坚果长圆状卵形。

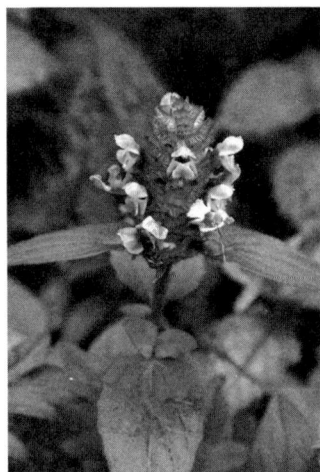

夏枯草

夏枯草果穗入药，有清肝火、散郁结的功能，可用于治疗头痛眩晕、目赤肿痛。

现代医学研究发现，夏枯草提取物具有免疫抑制作用以及肝脏毒性。

迷迭香

迷迭香是被子植物门真双子叶植物唇形目唇形科迷迭香属的一种。名出《本草拾遗》。原产于欧洲地中海地区，中国引种栽培。

迷迭香为多年生常绿小灌木，高可达2米，全株有香气。树皮深灰色，不规则开裂或脱落。幼枝密被白色星状茸毛。叶簇生，无柄或具不明显短柄。叶片条形，革质，长1至3厘米，宽约2毫米；上表皮常具光泽，近无毛；下表皮密被白色星状茸毛。叶全缘，先端钝，叶缘反卷。花簇生叶腋，常在短枝上组成密集的顶生总状花序。萼筒二唇形，钟

迷迭香花

状，外壁密被白色星状茸毛及腺毛。花冠蓝紫色，短小，长度不及1厘米；二唇形，上唇裂片2枚，下唇裂片3枚。雄蕊2枚，花药2室，仅1室能育。雌蕊柱头不等2裂。小坚果4枚，卵球形，表皮光滑。

迷迭香用途广泛，是著名的香料植物；同时，又是重要的药用及观赏植物。中药学认为其具有健胃、发汗、安神等功效。

薰衣草

薰衣草是被子植物门真双子叶植物唇形目唇形科薰衣草属小灌木。又称狭叶薰衣草、英国薰衣草。

薰衣草花

薰衣草起源于地中海地区。薰衣草属中有很多种间杂交种，其中薰衣草和宽叶薰衣草（*L. latifolia*）的杂交种命名为 *L.×intermedia*，开花时间晚于常见的薰衣草。薰衣草包含两个亚种：①亚种 *L. angustifolia* subsp. *angustifolia* 自然生长于法国阿尔卑斯南部、朗格多克塞文山脉地区和意大利东北部及南部。②亚种 *L. angustifolia* subsp. *pyrenaica* 自然生长于比利牛斯山（法国、安道尔、西班牙）和西班牙东北部。在欧洲、北非、北美洲、亚洲的温带及亚热带地区有普遍栽培。中国科学院植物研究所于 20 世纪 50 年代开始将薰衣草引入中国，现新疆伊犁已发展成为世界薰衣草主产区。

◆ **形态特征**

薰衣草株高 40～80 厘米。根系发达。茎四棱。叶片线形或狭卵形，叶长 3～4 厘米，叶宽 0.3～0.5 厘米，有时会反卷。叶腋处的叶片较小，叶长 1～1.5 厘米，反卷幅度大，密被腺毛及短而分枝的非腺毛。花梗直立不分枝，长 10～20 厘米。花穗密集，5～10 厘米长，不连续的花穗 6～10 厘米长，通常会有一个轮伞花序着生在花穗下面较远处。苞片卵形或阔卵形，顶端尖，膜状，长度约为花萼筒的一半，网状脉突出；小苞片小，约为 1 米，线形，干膜质。花萼管状，具 13 条脉纹，裂片短而圆，密被长而分枝的非腺毛和无柄的盾状腺毛。花冠二唇形，深紫色，稀为粉色或白色；1～1.2 厘米，上唇裂片明显比下唇大一倍。

小坚果 4 枚，光滑。花期 6 ～ 7 月，果期 8 月。

◆ **生长与繁殖**

薰衣草生长在干旱的环境中、石灰质土壤或有着矮灌木的裸露植被上，海拔一般为 250 ～ 500 米或 1800 ～ 2000 米。分布海拔较高，抗寒性强于宽叶薰衣草。采用播种、扦插、分根繁殖。因其种子细小、萌芽率低，宜育苗移栽。可采用不同品种间、不同种间杂交和秋水仙素加倍及辐射诱变等方法进行育种。

◆ **栽培管理**

选地与整地

选择土层深厚、质地疏松、肥力中等、灌溉排水方便、土壤总含盐量在 0.2% 以下、土壤有机质含量 1% 以上、碱解氮 600 毫克 / 千克、速效磷 4 ～ 8 毫克 / 千克的地块。春季精细整地，施足基肥。整地前进行一次平整土地，每亩施用磷肥 15 ～ 20 千克、尿素 8 ～ 10 千克、钾肥 5 ～ 8 千克，有机肥 1.5 ～ 2 吨，深翻 30 ～ 40 厘米，耙糖平整后打埂起高垄，垄面宽 50 ～ 60 厘米，垄高 30 ～ 40 厘米，垄间距为 70 ～ 80 厘米。

田间管理

根据各生长阶段的不同要求及环境条件的变化进行。苗期机械化中耕除草，收花前人工拔草 1 ～ 2 次，保证田间无杂草。返青初期结合浇水，亩施有机肥 2000 ～ 3000 千克，尿素 15 ～ 20 千克、二铵 20 ～ 30 千克。用人工挖环穴深 8 ～ 10 厘米，距苗侧旁 10 厘米，将混拌均匀的肥料施入后覆土踏实。现蕾期可根外追肥 2 ～ 3 次，亩用尿素 300 克、磷酸二氢钾 200 克，兑水 40 ～ 50 千克喷雾，应选择在早晨水干后或傍晚喷肥为好。埋土宜在冬灌后进行，植株盖土 6 ～ 8 厘米，整个株体要覆盖 80% 以上。同时，还要加强冬季护苗。返青至收割前一般浇水 3 ～ 4 次，亩灌水 200 ～ 300 立方米，全生育期浇水 6 ～ 8 次。采用畦灌为宜。收割前 15 天左右，适量灌水一次，可延缓薰衣草花萼脱落。花采收后，应及时灌水，促进植株正常生长，封冻前浇水有利于安全越冬。

病虫害防治

薰衣草病虫害主要有枯萎病、根腐病、叶螨、沫蝉和蚜虫等。做好园区规划和基本建设，入冬前将薰衣草田间枯枝落叶进行清理，初春前将薰衣草田间、田埂、沟边、路旁的杂草清除，确保灌溉排水方便，保持通风透光。此外，还可采取化学防治和天敌防治。

◆ **采收与加工**

采收薰衣草花穗与部分叶片。于盛花期（主茎花穗有 70% 左右开花）正午采收，阴干后及时提取加工，加工方法为水蒸气蒸馏法。薰衣草鲜花含油率 0.8%，干花含油率 1.5% 左右。

◆ **价值**

薰衣草精油主要由单萜和倍半萜组成，主要成分有芳樟醇（25% ～ 38%）、乙酸芳樟酯（25% ～ 45%）、乙酸薰衣草酯（3.4% ～ 6.2%）。薰衣草精油香气宜人，是理想的高端香水、芳香理疗原料，具有杀菌、抗炎、抗氧化等多种功效，并在治疗高血压、帕金森、老年痴呆症和抗癌等方面展现出潜在的药用价值。薰衣草释放出的芳樟醇可能通过直接刺激嗅觉神经元，作用于 GABAA 受体，进而让受试个体放松。此外，在多种用于降压的民间药用植物中，薰衣草是最有效的 KCNQ5 钾通道激活剂之一，当 KCNQ5 被激活时，能使血管松弛，从而达到降压的效果。连续 7 天接触薰衣草可以改善大鼠的类似抑郁行为，且具有薰衣草剂量依赖效应。其中，最可能起作用的是芳樟醇，芳樟醇具有抗抑郁、镇静、抗炎、抗动脉粥样硬化和抗氧化作用，可能通过谷氨酸系统和 NMDA 影响抑郁症。吸入含 24.07% 柠檬烯、21.98% 芳樟醇、15.37% 乙酸芳樟醇、5.39%α- 蒎烯和 4.8%α- 檀香醇的复方安神精油可提高小鼠脑内 5-HT 和 GABA 的含量，显著降低小鼠自发活动，缩短睡眠潜伏期，延长睡眠时间。

薰衣草花芽期挥发性成分中，柠檬烯、β- 罗勒烯占比较高，具有驱避蚜虫的作用，使薰衣草顺利进行生殖生长；盛花期乙酸芳樟酯、乙酸薰衣草酯含量较高，对蜜蜂具有强烈的吸引作用，从而保障异花授粉的薰衣草成功授粉。此外，薰衣草特征性成分——乙酸薰衣草酯是蓟马的聚集信息素，使薰衣草在蓟马生物防治中具有潜在的应用价值。

留兰香

留兰香是被子植物门真双子叶植物唇形目唇形科薄荷属多年生草本植物。又称绿薄荷、香花菜、香薄荷。

留兰香原产于南欧、加那利群岛、马德拉群岛等地。主产地在美国爱达荷、印第安纳、密歇根、华盛顿及威斯康星等州。中国的留兰香主产地在江苏、安徽、江西、河南、浙江和上海等地。

◆ 形态特征

留兰香高 40 ～ 130 厘米。茎直立，
无毛或近于无毛，绿色，钝四棱形，具槽
及条纹，不育枝仅贴地生。叶无柄或近于
无柄，卵状长圆形或长圆状披针形，长
3 ～ 7 厘米，宽 1 ～ 2 厘米，先端锐尖，
基部宽楔形至近圆形，边缘具尖锐而不规
则的锯齿。轮伞花序生于茎及分枝顶端。
花萼钟形，外面无毛，具腺点。花冠二唇
形。每花有小坚果 4 个。

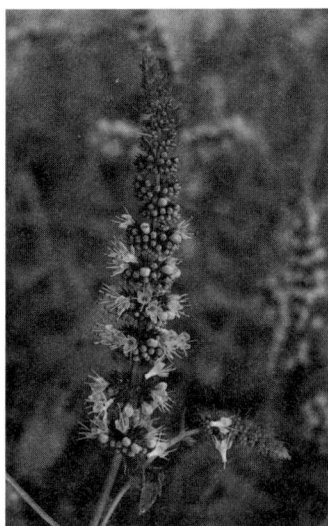

留兰香

◆ 生长习性

留兰香适于生长在北纬 40°～ 48°的地区范围内，喜温暖、湿润
和阳光充足的环境，耐热、耐寒能力强。采用扦插法繁殖。育种方法为
杂交育种。

◆ 栽培管理

选地与整地

应选择阳光充足、地势平坦、排灌方便、肥沃的田块种植留兰
香。结合耕翻每亩施入优质腐熟有机肥 1500 ～ 2000 千克、过磷酸钙
40 ～ 50 千克，充分与土混匀，整细耕平，做平畦，一般宽为 2 ～ 3 米。

田间管理

根据各生长阶段的不同要求及环境条件的变化进行。在植株封行之
前进行中耕除草 2 ～ 3 次。收割前应拔除田间杂草，以防杂草混入，影

响精油质量。施肥应是基肥与追肥并重，在整个生育期追肥 1 ～ 2 次，农家肥与化肥配合。一般原则是生长前期和生长后期轻施，中期重施。具体是轻施提苗肥，重施分枝肥，巧施保叶肥。雨水多时，应及时排掉田间积水，以免影响植株正常生长；若天气干旱，土壤干燥，应及时进行灌溉。收割前 20 天左右停止灌水，以防收割时植株贪青返嫩，影响产量和质量。

◆ 病虫害防治

留兰香主要病害为锈病和褐斑病，应加强田间通风透光，减轻田间湿度，发现病株及时清除，以防蔓延。主要为害的害虫为地老虎和蚜虫。

◆ 采收与加工

留兰香一般一年可采收 2 次，第一次在 7 月中旬（小暑至大暑），第二次在 10 月中下旬（寒露至霜降）。当植株普遍现蕾，开花 10% 左右，天气连续晴 5 ～ 7 天，气温较高，地面干燥时进行收割。以上午 9 时至下午 3 时收割为宜。晒干后采用水蒸气蒸馏法提取精油。

◆ 价值

留兰香嫩枝叶可作调味料食用。全草可入药，为祛风、镇痉剂，治疗感冒发热、头痛、咳嗽等疾病，还可用于治疗胃胀气。从其地上部分蒸馏所得的精油主要用于牙膏、口香糖、香皂等物品的加香，也可用作杀虫剂、兴奋剂、利尿剂和杀菌剂。

丹 参

丹参是被子植物门真双子叶植物唇形目唇形科鼠尾草属一种多年生

丹参花

草本植物。又称血参、紫丹参、赤参等。以其干燥根及根茎入药，药材名丹参。

丹参为广布种，中国大部分地区均有野生分布，主要栽培产区为山东、河南、四川、陕西、云南、江苏、湖北、安徽和甘肃等地。中国各地于 20 世纪 60 至 70 年代开始人工栽培，截至 2024 年在引种栽培、良种选育、繁殖方法、栽培模式、品质评价以及产地初加工技术等方面已取得了很大进展，并建立了符合国家良好农业规范（GAP）认证标准的丹参人工规范化生产技术体系。

◆ 形态特征

丹参高 30 ～ 80 厘米，全株密被柔毛。根圆柱形，砖红色。茎直立，多分枝。奇数羽状复叶，叶柄长 1 ～ 7 厘米，小叶 3 ～ 7 枚，顶端小叶较大，小叶卵形或椭圆状卵形，长 1.5 ～ 8.0 厘米，宽 0.8 ～ 5.0 厘米，先端钝，基部宽楔形或斜圆形，边缘具圆锯齿，两面被柔毛，背面较密。轮伞花序，有花 6 至多数，组成顶生或腋生的总状花序，密被腺毛和长柔毛。小苞片披针形，被腺毛。花萼钟状，长 1.0 ～ 1.3 厘米，先端二唇形，萼筒喉部密被白色柔毛。花冠唇形，蓝紫色，长 2.0 ～ 2.7 厘米；上唇直立，略成镰刀状，先端微裂；下唇较上唇短，先端 3 裂，中央裂片较两侧裂片长且大，又作浅 2 裂。发育雄蕊 2，伸出花冠管外面盖于上唇之下，药隔长，花丝比药隔短，上臂药室发育，2 下臂的药室不育，顶端联合；子房上位，4 深裂，花柱较雄蕊长，柱头 2 裂。小坚果长圆形，熟时暗棕色或黑色，包于宿萼中。花期 5～8 月，果期 8～9 月。

◆ **生长习性**

丹参属主根系植物。野生多见于阳光充足、空气湿度大、较湿润的林缘坡地、沟边草丛或路旁。喜温和气候，较耐寒，怕旱又忌涝。对土壤要求不严，一般土壤均能生长，但以地势向阳、土层深厚、中等肥沃、排水良好的沙质壤土栽培为好。土壤类型以褐土、黄褐土、棕壤、黄壤、黄棕壤等为主。土壤酸碱度适应性较广，中性、微酸、微碱均可。忌在排水不良的低洼地种植。

丹参种子小，长卵圆形。在 18～22℃ 温度下，15 天左右出苗。根在地温 15～17℃ 时开始萌生不定芽，根条上段比下段发芽生根早。当 5 厘米土层地温达 10℃ 时，开始返青，3～5 月为茎叶生长旺季，4 月开始长茎秆，4～6 月枝叶茂盛，陆续开花结果，为营养生长和生殖生长的旺盛期。7 月后根系生长迅速，7～8 月茎秆中部以下叶子部分或全部脱落，果后花序梗自行枯萎，花序基部及其下面一节的腋芽萌动并长出侧枝和新叶，同时基生叶又丛生。8 月中下旬丹参根系加速分支、膨大。10 月底至 11 月初平均气温在 10℃ 以下时，地上部分开始枯萎；温度降至 -5℃ 时，茎叶在短期内仍能经受得住；最低温度 -15℃ 左右，最大冻土深 43 厘米左右仍可安全越冬。

丹参在生长发育过程中，通常会从芦头处发出多条分根，根系膨大后主根不明显，或由主根上产生数条次级根。较大的昼夜温差和适度干旱有利于根系从芦头部位生根，利于根系垂直向下生长，以获取维持正常生长所需的水分和养分。因此，在纬度偏高地区，根总分支数相对较少，根形长直，侧根少，根条粗细均匀，外观整齐度好。随着纬度降低，降水量和气压增大，先从芦头部位发出几条主根，随着根系生长，又会从主根上产生侧根，总的分根数变多。

◆ 繁殖方法

丹参主要是种子育苗移栽、种子直播和分根繁殖，也可扦插繁殖和芦头繁殖。

种子育苗移栽

丹参种子于 6～7 月成熟后，采摘后即可播种。在整理好的畦上按行距 25～30 厘米开沟，沟深 1～2 厘米，将种子均匀地播入沟内，覆细土，以盖住种子为度，播后浇水盖草保湿，15 天左右可出苗。当苗高 6～10 厘米时可间苗，一般于 11 月左右或翌年 3 月移栽定植于大田。北方地区在 3 月中下旬用种子按行距 30～40 厘米开沟条播育苗，种子细小，盖土宜浅，以见不到种子为宜，播后浇水盖地膜保温。半个月后在地膜上打孔，出苗可植大田。苗高 6～10 厘米时间苗，5～6 月可定植于大田。一般种子繁殖的生长期为 16 个月。

种子直播

3 月播种，采取条播或穴播。条播行距 30～40 厘米，沟深 1.0～1.3 厘米，覆土 0.7～1.0 厘米。穴播 20～30 厘米挖穴，每穴播种量 5～10

粒，沟深 3～4 厘米，覆土 2～3 厘米。如果遇干旱，播前浇透水再播种，半个月左右即可出苗。

分根繁殖

栽种时间一般在翌年 2～3 月，也可在当年 11 月上旬立冬前栽种，冬栽比春栽产量高，随栽随挖。种根选 1 年生的健壮无病虫的新生侧根，根粗 1.0～1.5 厘米。一般在 3～4 月栽种，整地后，按行距 30～40 厘米、株距 20～30 厘米开穴，穴深 3～5 厘米，穴内施入农家肥。将选好的根条切成 5～7 厘米长的根段，一般取根条中上段萌发能力强的部分和新生根条，边切边栽，大头朝上，直立穴内，不可倒栽，每穴栽 1～2 段，盖 1.5～2.0 厘米土压实。采用该法栽植，出苗快、齐，叶片肥大，根部充分生长，产量高。

在丹参种子、种苗紧张的情况下也可采取扦插繁殖和芦头繁殖。

◆ 栽培管理

选地与整地

宜选择地势向阳，土层深厚疏松，土质肥沃，排水良好的沙质壤土栽种，黏土和盐碱地均不宜生长。忌连作。可与小麦、玉米、洋葱、大蒜、薏苡、蓖麻、夏枯草等作物或非根类药用作物轮作，或在果园中套种，但不适于与豆科或其他根类药用作物轮作。前茬作物收割后整地，深翻 30 厘米以上，翻地同时施足基肥。耙细整平后，起垄种植，垄宽 60～120 厘米，垄高 20～35 厘米，单垄单行或双行，北方雨水较少的地区可开平畦，同时开排水沟防涝。

田间管理

丹参田间管理技术要点有:①中耕除草。生育期内需进行 3 次中耕除草,苗高 10 ～ 15 厘米时进行第 1 次中耕除草,中耕要浅,避免伤根。第 2 次在 6 月,第 3 次在 7 ～ 8 月进行,封垄后停止中耕。育苗地应拔草,以免伤苗。②施肥。丹参在移栽时基肥中氮肥不能施用太多,否则将会影响成活,即使成活,苗期也会出现烧苗症状。中期可施用适量氮肥,以利于茎叶的生长,为后期根系的生长发育提供光合产物。第 1 次除草结合追肥,雨后进行,一般以施氮肥为主,以后配施磷肥、钾肥。最后 1 次施肥要重施,以促进根部生长。③排灌。经常疏通排水沟,严防积水成涝,造成烂根。但出苗期和幼苗期需水量较大,要保持土壤湿润,遇干旱应及时灌水。④摘花薹。除留种株外,对丹参抽出的花薹应注意及时摘除,以抑制生殖生长,减少养分消耗,从而促进根部生长发育。

◆ 病虫害防治

根腐病

受病植株,根部发黑腐烂,地上部个别茎枝先枯死,严重时全株死亡。防治方法:①选择地势高的地块种植。②雨季及时排除积水。③选用健壮无病种苗。④轮作。⑤发病初期及时浇灌农药。⑥拔除病株并用石灰消毒病穴。

叶斑病

一般 5 月初发生,一直延续到秋末。初期叶片上生有圆形或不规则形深褐色病斑。严重时病斑扩大汇合,致使叶片枯死。防治方法:①发病前喷药防治。②加强田间管理，实行轮作。③冬季清园，烧毁病残株。④注意排水，降低田间湿度，减轻发病。

蚜虫

主要为害丹参叶及幼芽，发生时用杀虫剂防治或用黄板诱杀。其他尚有根结线虫病、菌核病、银纹夜蛾、棉铃虫和蛴螬等病虫为害丹参。

◆ 采收加工

春栽丹参于当年11月地上部枯萎时采挖。丹参根入土较深，根系分布广，质地脆而易断，采挖时先将地上茎叶除去，深挖参根，防止挖断。采收后的丹参要经过晾晒和烘干。如需条丹参，可将直径0.8厘米以上的根条在母根处切下，顺条理齐，曝晒，不时翻动，七八成干时，扎成小把，再晾晒至干，装箱即成"条丹参"。如不分粗细，晒干去杂后装入麻袋者称"统丹参"。有些产区由于气候条件原因在加工过程中，先晾晒至半干，再堆起"发汗"2～10天，最后晾干，包装。

◆ 药用价值

丹参始载于《神农本草经》，列为上品，另见于其他医药典籍，如南朝陶弘景的《名医别录》、唐朝苏敬的《新修本草》、宋朝苏颂的《图经本草》和明朝李时珍的《本草纲目》等。丹参药材味苦，性微寒。归心、肝经。具活血祛瘀、通经止痛、清心除烦、凉血消痈之功效。现代药理研究证明丹参有改善微循环、增加冠脉流量、抗血小板聚集、抑制血栓形成、降低血液黏度、抗菌消炎、抗氧化、改善肾功能等作用。临床用于治疗冠心病、心肌梗死、心绞痛等。含脂溶性丹参酮类（如丹参酮Ⅰ、丹参酮 IIA、隐丹参酮）和水溶性酚酸类（如丹酚酸 B）等化学成分。《中华人民共和国药典》（2015 版一部）中规定丹参中丹参酮 I、丹参酮 IIA 和隐丹参酮的总量不得少于 0.25%，丹酚酸 B 含量不得少于 3.0%。

玄 参

玄参是被子植物门真双子叶植物唇形目玄参科玄参属的一种。名出《神农本草经》。为中国特产，广泛自然分布于秦岭以南，可达西南各地区，主产浙江、江西、河北（南部）、河南、山西、陕西（南部）、湖北、安徽、江苏、福建、湖南、广东、贵州、四川等地区。栽培历史悠久。

玄参为多年生高大草本植物。地下具有分支的、纺锤形或胡萝卜状膨大粗根多个，粗 2 厘米左右。茎 1 至多支，可达 1 米，四棱形有浅槽，多无翅或有极狭的翅，无毛或多少有白色卷毛。叶多对生而具叶柄，上部少有互生而柄极短，下部叶柄长可达 4.5 厘米，叶片多卵形，有时卵状披针形至披针形，基部楔形、圆形或近心形，边缘具细锯齿，长 8～20（～30）厘米，宽 2～8（～12）厘米。大而疏散的圆锥花序顶生或上部腋生，长 10～50 厘米。每个花序分支为聚伞花序，常 2～4 回复出。花两性，两侧对称。花梗长 0.3～3 厘米，有腺毛。

玄参

花萼 5 合生，长 2～4 毫米，裂片圆形，边缘稍膜质。花冠 5 合生，呈二唇形，深紫色，外面常黄绿色，长 8～9 毫米，花冠筒状多少球形；上唇 2 裂，长于下唇，裂片圆形，边缘相互重叠；下唇 3 裂，中裂片稍短。发育雄蕊 4，稍短于下唇，花丝肥厚，退化雄蕊 1，大而近于圆形。雌蕊 2 心皮合生，中轴胎座，胚珠多数，花柱长约 3 毫米，稍长于子房。蒴果卵圆形，连同短喙长 8～9 毫米，熟时顶端开裂，种子多数。花期 6～10 月，果期 9～11 月。

玄参喜生于海拔 1700 米以下的竹林、溪旁、丛林及高草丛中，喜潮湿环境。分子亲缘地理和群体遗传研究揭示，现在栽培的玄参与江西野生群体有近缘，湖南野生群体有较高的指标性成分，有必要开展杂交或分子育种。

玄参在中国是著名中药，栽培历史有 1000 多年，主要在浙江、江西、湖南和安徽等省，在浙江栽培的根入药，常称为"浙玄参"，是著名中药"浙八味"之一。玄参根入药，具有滋阴、降火、除烦、解毒之功效，可用于治疗热病伤阴、舌绛烦渴、发斑、骨蒸劳热、夜寐不宁、自汗盗汗、津伤便秘、吐血衄血、咽喉肿痛、痈肿、目赤、白喉和疮毒等症。

广藿香

广藿香是被子植物门真双子叶植物唇形目唇形科刺蕊草属多年生草本或灌木。又称大叶薄荷、水蘇叶、山茴香等。以其干燥地上部分入药，药材名广藿香。

广藿香自然分布于南亚、东南亚。中国南方沿海省份多栽培，但主产广东中南部和海南。

◆ **形态特征**

广藿香株高30～100厘米。茎直立。叶对生,圆形至宽卵形,长2～10厘米,宽1～8厘米,两面均被毛,脉上尤多。叶柄长1～6厘米。轮伞花序密集成顶生或腋生的假穗状花序,密被柔毛。花萼筒状,7～9毫米。花冠二唇形,紫色,长约1厘米,4裂。雄蕊4根,花丝中部有长须毛,花药1室。花柱前端2浅裂。小坚果近球形,稍扁。花期4月,但在中国极少开花。

◆ **生长习性**

广藿香为热带植物。最适环境年平均温度为22～28℃、年降水量为1600～2400毫米。虽能耐短暂的0℃低温,但需做防寒措施,才能安全越冬。广藿香苗期和移栽返青前不耐强光,需荫蔽,成株则可全光照。土壤要排水良好、疏松肥沃,以保水、保肥力强的沙质壤土为佳。

◆ **繁殖方法**

广藿香常用扦插法繁殖,分为直插法和插枝育苗移栽法。

直插法。宜在温暖多雨季节,选生长旺盛,生长期4～5个月的植株,取中部茎的侧枝20～30厘米,使插枝附有部分主茎的韧皮组织。采下的苗应置于阴凉处,并随采随种。

广藿香花

插枝育苗移栽法。将鲜枝条插于苗床上，待长根后再移栽大田。其方法及时间与直插法同。冬季应昼夜搭棚防霜。一般 10 天内生根，20 天后可除去荫蔽物，1 个月后可定植。定植后应立即浇水、遮阴。

◆ 栽培管理

选地与整地

可选择避风无污染的林间坡地、山角梯田、河旁冲积地栽植。坡度不宜过大，以防雨水冲刷。宜选透性好、富含腐殖质的沙壤土、pH 以 4.5 ~ 5.5 为宜。

田间管理

广藿香田间管理要点有：①灌溉。排水在种植或插后生根前，每天早晚适量浇水 1 次。雨季要防积水。②遮阴。苗期要有荫蔽，长大后在酷暑也要适当荫蔽，郁闭度以 40% ~ 50% 为宜。③除草。培土育苗期及定植前期，要勤除杂草并松土。为加速有机肥的腐烂，保护植株生长，将泥培在植株的基部可促进植株分枝和防风倒。④施肥。广藿香的最终收获物是营养器官，故应重点施氮肥，使之形成较宽大的冠幅。⑤防冻。在有霜冻地区，冬初应盖草或搭棚防霜，或者加盖塑料薄膜。

◆ **病虫害防治**

广藿香细菌性角斑病多发于高温多雨季节的叶片，初时呈水浸状病斑，逐渐扩大成为多角形褐色病斑，严重时叶片干枯脱落。应加强田间管理，注意排水和通风透光。斑枯病叶两面病斑呈多角形，初时暗褐色，叶色变黄，严重病斑汇合，叶片枯死，发生于 6 ~ 9 月，需以农药控制。广藿香根腐病在夏季多雨、排水不良时尤为严重，应及时挖除病株并用石灰消毒，注意排水。

为害广藿香的害虫主要有蚜虫、红蜘蛛、卷叶螟、地老虎、蝼蛄和蟋蟀等，可适度使用农药防治或人工捕捉。

◆ 采收加工

广藿香宜在枝叶旺盛生长期采收，选晴天露水消失后，拔或挖起全株，去泥即可。收获后要及时摊晒数小时，使叶片呈皱缩状后，捆扎、分层交错堆叠一夜，叶色转黄后再摊晒至全干。

◆ 药用价值

药材广藿香味辛，性微温。归脾、胃、肺经。具芳香化浊，和中止呕，发表解暑功效。常用于湿浊中阻，脘痞呕吐，暑湿表证，湿温初起，发热倦怠，胸闷不舒，寒湿闭暑，腹痛吐泻，鼻渊头痛等症。明代《药品化义》记载："广藿香，其气芳香，善行胃气，以此调中，治呕吐霍乱，以此快气，除秽恶痞闷。且香能和合五脏，若脾胃不和，用之肋胃而进饮食，有醒脾开胃之功。"广藿香酮对白色念珠菌、新型隐球菌、黑根霉等真菌有明显的抑制作用，也可控制甲型溶血性链球菌、葡萄球菌、枯草杆菌等细菌。其叶和茎含挥发油，油中主成分为广藿香醇、广藿香酮，所以也用作芳香剂。

荆 芥

荆芥是被子植物门真双子叶植物唇形目唇形科荆芥属的一种。名称出自山西地方名。

荆芥分布于地中海地区、东欧、中东、中亚至中国西北、西南和华中等地。广泛栽培。

荆芥为多年生草本植物，具香味。茎高可达 1.5 米，被白色短柔毛。叶柄长可达 3 厘米，纤细。叶片卵形至三角状心形，长可达 7 厘米，上表皮被糙毛，下表皮被白色短柔毛。叶基心形至截形。叶缘具粗齿。聚伞花序腋生，或组成间断的顶生圆锥花序。苞片或小苞片微小，钻形。花萼管状，被白色柔毛，萼齿 5 枚，钻形。花冠二唇形，白色，下唇具紫色

荆芥花

斑点和白色长柔毛；花冠管细长；花冠上唇顶端微凹，下唇 3 裂，中裂片近圆形，边缘有粗齿。雄蕊 4 枚，内藏。小坚果三棱状卵球形。花期 7 ～ 9 月，果期 9 ～ 10 月。

荆芥是常见的栽培观赏植物，也可药用，有祛风、发汗、解热、散瘀消肿、止血、止痛的功效。中国传统中药荆芥基原植物并非此种，而是裂叶荆芥属的裂叶荆芥。

裂叶荆芥

裂叶荆芥是被子植物真双子叶植物唇形目唇形科裂叶荆芥属的一种。其药名"荆芥"，始见《吴普本草》，在《神农本草经》中被称为"假苏"，因其香气似紫苏。

裂叶荆芥分布于中国东北、华北、西北至西南等地区。朝鲜半岛和

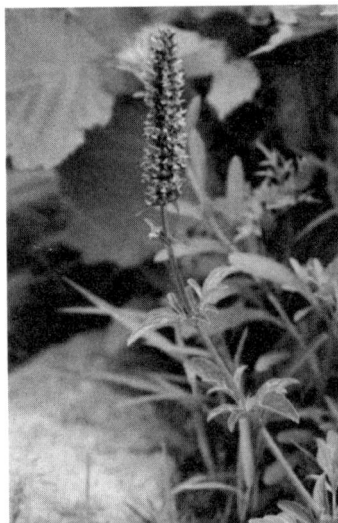

裂叶荆芥

日本也有分布。生于山区林缘或狭谷中。

裂叶荆芥为一年生直立草本。茎多分枝,高达1米,疏被灰色短柔毛。叶对生,叶柄短,长不及1厘米。叶片长可达3.5厘米、宽至2.5厘米。叶基楔形。叶不等3裂,裂片披针形,全缘,先端锐尖。轮伞花序多花,组成顶生有间断的假穗状花序。小苞片线形,微小。萼筒管钟状,具15脉,被灰色柔毛;萼齿5枚,三角状披针形至披针形。花冠二唇形,紫色,被柔毛。雄蕊4枚,2强。小坚果褐色,三棱状椭球形,表面具疣点。花期7～9月,果期8～10月。

裂叶荆芥在植物分类系统的位置存在争议。本种基名为*Nepeta tenuifolia*,发表于公元1834年,其命名人将该种置于荆芥属下的裂叶荆芥组。1896年,布里凯将裂叶荆芥组提升为新属——裂叶荆芥属,并将裂叶荆芥的拉丁名组合为*Schizonepeta tenuifolia*。中文版《中国植物志》第65卷第2分册采用了布里凯的处理方法,而英文版《中国植物志》(*Flora of China*)并没有接受裂叶荆芥属,仍将其置于荆芥属内,并将裂叶荆芥拉丁名恢复为*Nepeta tenuifolia*。英国皇家植物园邱园的植物名称数据库将*Schizonepeta tenuifolia*记录为*Nepeta tenuifolia*的异名,与英文版《中国植物志》的处理一致。

分子系统学研究发现,裂叶荆芥属并不在荆芥属内,而是位于神香草属及青兰属所在分支的基部，与荆芥属亲缘关系较远，支持布里凯将裂叶荆芥属从原荆芥属分出的处理。因此，*Schizonepeta tenuifolia* 应该是裂叶荆芥合适的拉丁学名。

传统中药材裂叶荆芥有解表散风、透疹的功效。

一串红

一串红是被子植物门真双子叶植物唇形目唇形科鼠尾草属多年生草本或亚灌木植物。常作一年生栽培。

一串红原产于南美洲，世界各地广泛栽培。该属其他常见种类还有红花鼠尾草（朱唇）、蓝花鼠尾草（一串蓝）、紫花鼠尾草、墨西哥鼠尾草（紫绒鼠尾草）。

一串红植株高 30 ～ 100 厘米。茎四棱，叶片对生，有长柄。总状花序顶生，被红色茸毛，小花轮生。花萼钟状，与花瓣同色。花冠唇形，伸出萼外，花谢后花冠脱落，花萼宿存，仍可观赏。常见的变种有一串白、一串紫、矮一串红、丛生一串红等，园艺品种丰富。

一串红性喜阳，也耐半阴，适宜在肥沃疏松土壤中种植。耐寒性差，也不甚耐热，生长适温 20 ～ 25℃，10℃ 以下叶色发黄甚至脱落，30℃ 以

一串红花

上则花、叶变小。

一串红通常采用播种和扦插繁殖，播种在 2 ～ 3 月于室内或阳畦内进行，夏初可在露地播种。扦插于 6 ～ 7 月取 12 ～ 15 厘米长嫩枝进行，20℃ 环境下 7 天生根，14 天后即可上盆。如需 10 月 1 日开花，应于 9 月 5 日前进行最后一次摘心；如需 5 月 1 日开花，则应于 4 月 5 日前进行最后一次摘心。可利用调整播种期和摘心时间达到调节花期的目的。

栽培用一串红常用红花品种，色彩鲜艳纯正。园林中常作花丛、花坛、花境种植，亦可盆栽。

金鱼草

金鱼草是被子植物真双子叶植物唇形目车前科金鱼草属的一种。因花瓣二唇形似金鱼状而得名。

金鱼草原产于欧洲南部和地中海地区，南至摩洛哥和葡萄牙，北至法国，东至土耳其和叙利亚；世界各国广泛栽培作观赏。中国各大城市有栽培，是常见园林草本花卉。

金鱼草为多年生直立草本植物。茎基部有时木质化，高可达 80 厘米。茎基部无毛，中上部被腺毛，基部有时分枝。叶在下部对生，靠上部的常互生，具短叶柄。叶片披针形至矩圆状披针形，全缘，无毛。顶生总状花序，整个花序密被腺毛，自下而上开放。花两性，两侧对称，每朵花花梗长 5 ～ 7 毫米。花萼绿色基部合生，5 深裂，裂片卵形。花冠二唇形，5 枚合生，经人类长期栽培驯化出丰富多彩的颜色，从红色、紫色至白色均有；花冠长 3 ～ 5 厘米；上唇直立，宽大，2 裂；下唇 3 浅裂，在中部向上唇隆起，封闭喉部，使花冠呈假面状，整个花冠似金鱼状。雄蕊4枚，2强。雌蕊2心皮合生，中轴胎座，胚珠多数，柱头头状。蒴果卵形，长约15毫米，被腺毛，顶端孔裂，种子多数。花期6～9月。

金鱼草花

金鱼草喜生于阳光下，能耐半阴，较耐寒但不耐酷暑，适于生长在疏松肥沃、排水良好的土壤中。本种原为广义玄参科的成员，分子系统学研究揭示它是车前科成员，现已归入车前科。

金鱼草在古罗马时期就已被驯化，是世界上著名的观赏草本花卉，适宜花坛种植。金鱼草全草可入药，具有清热解毒、活血消肿之功效，可治跌打扭伤，疮疡肿毒。此外，由于金鱼草的基因组小，很多关键基因是在金鱼草中被首次发现。2019年，金鱼草基因组已被中国科学院遗传与发育生物学研究所等合作单位揭示，将进一步成为分子生物学、分子遗传学和发育遗传学的模式植物。

爵 床

爵床是被子植物门真双子叶植物唇形目爵床科爵床属的一种。名出《神农本草经》。

爵床分布于中国秦岭以南广大地区，东达江苏、浙江、山东、台湾，南达湖南、广东，西南达云南。亚洲南部至澳大利亚也有分布。习生于山野森林下。

爵床为披散草本植物，高 20 ～ 50 厘米。茎四棱形，具沟槽，常被短硬毛。叶柄长 3 ～ 8 毫米，被短硬毛。叶片椭圆形、卵状椭圆形、椭圆状长圆形、卵形，长 1.5 ～ 4 厘米，宽 0.8 ～ 1.5 厘米，基部阔楔形或近圆形，稍下延，边缘全缘或略波状，顶端锐尖或钝，上面疏被硬毛，密布条形钟乳体，背面被硬毛，侧脉 3 ～ 6 对，在上面稍隆起，在背面隆起。穗状花序顶生或生于上部叶腋，长 1 ～ 6 厘米。花序梗长 0.5 ～ 7 厘米，密被柔毛。苞片椭圆状披针形，长 4 ～ 5 毫米，宽约 1 毫米，外面被柔毛，边缘被睫毛；小苞片披针形，长 4 ～ 5 毫米，外面被柔毛，有缘毛。花萼裂片 4，条形，长 5 ～ 6 毫米，具 1 脉，脉绿色，边缘膜质，黄白色，外面沿脉被柔毛，具睫毛。花冠二唇形，粉红色或白色，长约 7 毫米；上唇长约 3 毫米，顶端微凹；下唇长约 3 毫米，宽约 3.5 毫米，3 浅裂，裂片卵形，中裂片稍宽，长约 1 毫米，宽 1 ～ 1.5 毫米。雄蕊 2，外露，花药 2 室，不等高，上方一室无距，下方一室具距。子房被柔毛，花柱长 5 毫米，被柔毛。蒴果长约 5 毫米，基部具实心的短柄，内具种子 4 颗。种子卵形，长约 1 毫米，宽约 1 毫米，表面具脑纹状突起。几乎全年开花。

爵床全草入药，有清热解毒、利湿消滞、活血止痛的作用，可治感冒发热、咳嗽。

穿心莲

穿心莲是被子植物门真双子叶植物唇形目爵床科穿心莲属一年生草

本植物。又称一见喜、苦胆草、印度草、榄核莲等。以干燥地上部分入药，药材名穿心莲。

◆ **分布**

穿心莲广泛分布于热带、亚热带区域，在原产地为多年生草本植物。主要分布于印度、巴基斯坦、泰国、缅甸等地。中国从 20 世纪 50 年代在

穿心莲花

广东和福建引种栽培，主要栽培区为广东、福建、广西、四川、安徽、海南等省、自治区。

◆ **形态特征**

穿心莲株高 60 ～ 90 厘米。茎直立，四棱形。节膨大。叶对生，纸质，叶片卵状长圆形至披针形。疏生圆锥花序顶生或腋生。花萼 5 深裂，外被腺毛。花冠二唇形，白色，下唇带紫色斑纹。雄蕊 2 枚。果实为蒴果，椭圆形。种子多数，细小，近方形，千粒重约 1.6 克，寿命约 4 年。花期 7 ～ 10 月，果期 8 ～ 11 月。

◆ **生长习性**

穿心莲适宜阳光充足、温暖湿润的环境，怕旱，怕低温。选择土壤肥沃疏松、排水良好，pH 为 5.6 ～ 7.4 的微酸性或中性沙壤土或壤土栽培。穿心莲种子萌发适宜温度为 28 ～ 30℃，6 ～ 8 月为生长旺盛期。进入冬季，植株地上部分逐渐发黄枯死，地下根可正常越冬。

◆ **繁殖方法**

穿心莲采用育苗移栽为主，也可种子繁殖。

育苗移栽

春季 2～3 月，将穿心莲种子拌土，均匀撒入育苗地土壤表面，用木板压紧拍平，播种后土表覆盖稻草，及时浇水，保证苗床湿润，有利出苗。待育苗 1 个月后，苗高约 10 厘米，具有 3～5 对真叶，即可移栽。选择阴天带土移栽，按照株距 16～20 厘米、行距 20～25 厘米挖穴，每穴栽 1 棵苗，栽后及时浇水，保湿土壤湿度，有利于幼苗长新根。

种子繁殖

4 月中旬至 5 月上旬，采用条播，按行距 20 厘米开沟深约 0.5 厘米的浅沟，将穿心莲种子拌入细土，均匀撒入沟内，每亩用种量 0.25～0.5 千克，稍微覆土，压实，浇水，利于出苗。

◆ **栽培管理**

选地与整地

以阳光充足、土质疏松肥沃、排灌良好的沙质壤土为宜。荫蔽地和低洼积水地不宜种植。可与玉米、木薯、幼龄果树间套作。翻耕土壤，每亩施农家肥 1000～2000 千克，做畦宽 1～1.3 米、高 15 厘米，畦面整平耙细。

田间管理

人工栽培穿心莲的田间管理要点有：①查苗与补苗。注意检查苗情及时补植，确保全苗。②中耕与除草。中耕宜浅，避免伤根，田间及时除草，待植株封垄后，停止中耕除草。③施肥。视生长情况，前期多施氮肥，中后期以磷、钾肥为主。④浇水与排水。田间管理要注意好干旱时的浇水和多雨时的排水。

病虫害防治

穿心莲常见病害有立枯病、枯萎病。立枯病幼苗期为害，为害幼苗茎基部出现水渍状红褐色病斑，病部凹陷、横溢或折断，容易与根茎部分离。防治方法：①合理轮作。②及时排水。防止田间湿度过大，诱发病害发生。③发现病株及时拔除，并用石灰消毒病穴。④化学防治。发病初期用杀菌剂喷洒植物周边土壤，切勿触及幼苗以免药害。

◆ 采收与加工

选择穿心莲花蕾期或开花初期采收，割取全草，晒干，晒至茎秆发脆时，捆扎成把，即为穿心莲药材成品；也可低温烘干。

◆ 药用价值

穿心莲药材味苦，寒。归心、肺、大肠、膀胱经。具有清热解毒，凉血，消肿的功效。临床上常用于治疗呼吸道感染、急性菌痢、肠胃炎、感冒发热等疾病。含有二萜内酯类（穿心莲内酯、穿心莲内酯苷、脱水穿心莲内酯等）、黄酮类（芹菜素、木樨草素、异高黄芩素等）、苯丙素类（咖啡酸、绿原酸、阿魏酸等）、环烯醚萜类、生物碱等活性成分。《中华人民共和国药典》（2015版一部）规定穿心莲干燥药材中穿心莲内酯和脱水穿心莲内酯的总量不得少于0.80%。现代药理研究证明，穿心莲提取物具有抗炎、抗菌、抗肿瘤、抗病毒、保护心血管、降糖、抑制血小板聚集和保肝等作用。

浮 萍

浮萍是被子植物单子叶植物天南星目天南星科浮萍属的一种。名出《本草纲目》。

浮萍

浮萍广泛分布在世界温暖地区。中国南北各省区均有分布。习见于水塘、水池、水田或水沟等静水地带。

淡水漂浮为草本植物，整个植物为叶状体，具有单一丝状根，长 3～4 厘米。叶状体平坦，绿色，近圆形、倒卵形或倒卵状椭圆形，全缘，叶脉 3 条。叶状体下面一侧有囊，新叶状体从囊内伸出并浮于水面，有细柄与母体相连，不久即脱落浮水生长。花单性，雌雄同株，具有膜质佛焰苞，二唇形。每个花序有雄花 2 朵，雌花 1 朵。雄花有雄蕊 2，花丝很细。雌花子房 1 室，胚珠单生。果实无翅或具有向顶端侧伸的翅，种子具有 10～16 条明显的肋，胚乳凸出。花果期 5～9 月。

浮萍全草可作猪、鸭的饲料，也是池塘草鱼的饲料。据《中国植物志》记载，其全草入药能发汗、利水、消肿毒，可用于治疗风湿脚气、风疹热毒、衄血、水肿、小便不利、斑疹不透、感冒发热无汗等症。

野 菰

野菰是被子植物门真双子叶植物唇形目列当科野菰属的一种。名出《植物学大纲》。

野菰分布于中国安徽、福建、广东、广西、贵州、湖南、江苏、江西、四川、台湾、云南、浙江等省。印度、斯里兰卡、缅甸、越南、菲律宾、马来西亚及日本也有分布。

野菰为一年生寄生草本，高 15～40（～60）厘米。根稍肉质。茎不分枝或自基部处分枝，黄褐色或紫红色。叶卵状披针形或披针形，长 5～10 毫米，宽 3～4 毫米，肉红色，两面无毛。

野菰花

花常单生茎端，稍俯垂。花梗粗壮，常直立，长 30（～49）厘米，直径约 3 毫米，无毛，常带紫红色条纹。花萼一侧裂开至近基部，长 2.5～4.5（～6.5）厘米，紫红色、黄色或黄白色，具紫红色条纹，两面无毛。花冠略二唇形，筒部顶端 5 浅裂，长 4～6 厘米，上唇裂片和下唇的侧裂片较短，近圆形，全缘，下唇中间裂片稍大，常与花萼同色或有时下部白色，凋谢后变绿黑色，干时变黑色。雄蕊 4 枚，内藏，花丝生于距筒基部约 1.5 厘米处，长 7～9 毫米，紫色，无毛，花药成对黏合，仅 1 室发育，下方 1 对雄蕊的药隔基部延长成距，黄色，有黏液。子房 1 室，侧膜胎座 4 个，横切面有极多分枝，花柱肉质，盾状，长 1～1.5 厘米，柱头膨大。蒴果圆锥状或长卵球形，2 瓣开裂，长 2～3 厘米。种子多数，小，椭圆形，黄色。

野菰喜生长于土层深厚、湿润及枯叶多的地方，海拔 200～1800 米，常寄生在芒属和甘蔗属等禾草类植物根上。

野菰根和花可供药用，有清热解毒、消肿的作用，可治疗瘘、骨髓炎和喉咙痛等症。全株可用于妇科调经。

鼬瓣花

鼬瓣花是被子植物门真双子叶植物唇形目唇形科鼬瓣花属一年生草本植物。又称野芝麻、野苏子。鼬瓣花在中国分布于西南、西北、华北、东北及湖北西部。

鼬瓣花茎直立，钝四棱形，具槽，多少分枝，粗壮，茎上密被具节长刚毛及贴生短柔毛，或上部常杂有腺毛。叶卵圆状披针形或披针形，先端急尖或渐尖，基部渐狭至宽楔形，边缘有圆齿状锯齿，上面贴生具节刚毛，下面疏生微柔毛间夹有腺点。叶柄腹平背凸，被短柔毛。轮伞花序腋生，多花密集。小苞片线形至披针形，基部稍膜质，先端刺尖，边缘有刚毛。花萼管状钟形，外被刚毛，内面被微柔毛，齿5，长三角形，等长，先端长刺状。花冠白色、黄色或粉红色；冠筒漏斗状，喉部增大；冠檐二唇形；上唇卵圆形，先端钝，具不等的数齿，外被刚毛；下唇3裂，中裂片长圆形，宽度与侧裂片近相等，先端明显微凹，紫纹直达边缘，侧裂片长圆形，全缘，在裂片相交处有齿状突起。雄蕊4枚，花药2室，二瓣横裂，内瓣较小，有1丛纤毛；外瓣较大，无毛。

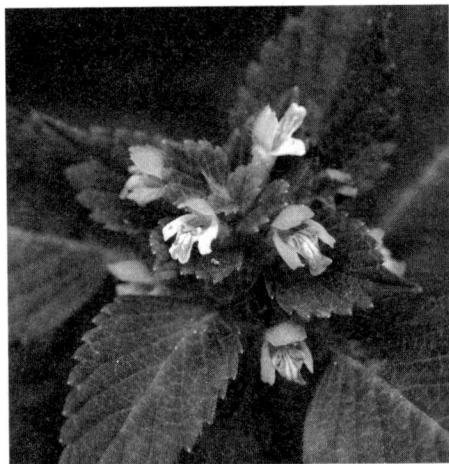

鼬瓣花

花盘前方指状增大，子房无毛，褐色。小坚果倒卵状三角形，褐色，有秕鳞。花期7～9月，果期9～10月。

鼬瓣花以种子进行繁殖。

鼬瓣花对多种夏收作物，如小麦、油菜，以及秋收作物均有较重危害。也常见于林缘、路旁、灌丛草地等空旷处，为欧亚广布杂草。种子富含脂肪油，供工业用。

泡 桐

泡桐是被子植物门真双子叶植物管状花目玄参科泡桐属树种总称。

◆ 分布

泡桐属树种在中国分布广泛，北起辽宁省南部（金县、营口以南）、北京市、山西省太原市、陕西省延安市、甘肃省平凉市一线，南到两广和云南省的南部（北纬20°～40°），东起台湾地区，西至甘肃省岷山、四川省的大雪山和云南省的高黎贡山（东经98°～125°），总计24个省、自治区、直辖市有分布。其栽培区域可划分为黄淮海平原区、西北干旱半干旱区和南方低山丘陵区。其中，黄淮海平原为传统主栽区。南方低山丘陵区因水热条件优越、宜桐地充裕将成为中国重要的泡桐速生用材林基地。泡桐属的垂直分布随地区的纬度、海拔高度、地形的变化而变化。例如，其在河南省适生的最高海拔为1400米，在云南省却高达3000米。

◆ 形态特征

泡桐为落叶乔木，但在热带偶有常绿或半常绿个体。树皮灰褐色，幼时平滑，皮孔明显，老时纵裂。树冠圆锥形至伞形，通常假二叉分枝，常无顶芽，小枝粗，节间髓心中空。侧生叶芽常叠生，芽鳞 2～3 对。单叶对生，偶有互生或 3～4 叶轮生，叶全缘、有角或 3～5 浅裂，具长柄。顶生聚伞圆锥花序，苞片叶状。花蕾密被黄色星状毛，无鳞片。花萼 5 裂，宿存。花冠漏斗状或钟状，二唇形，花紫或白色；上唇 2 裂稍短，常向上反折；下唇 3 裂较长，多直伸。雄蕊 4（5～6），2 强，内藏，花药叉分。花柱细长，柱头微下弯。蒴果，室背开裂。种子小，两侧具叠生白色有条纹的翅。主要树种包括白花泡桐、兰考泡桐、毛泡桐、楸叶泡桐和川泡桐等。

◆ 培育技术

良种选育

中国系统的泡桐良种选育工作始于 20 世纪 70 年代。学者开展了选择育种（种源选择、类型选择、优树选择、实生选择）和杂交育种，随后陆续开展了诱变育种（射线、激光和化学药剂等诱变）、航天育种、倍性育种等工作。已选育出 50 余个优良无性系，并先后在生产上推广应用。选育推广的部分优良无性系有：① "9501"。为白花泡桐天然杂种，适于黄淮海平原、西部半干旱黄土区和长江流域温暖湿润的浅山丘陵地区。② "9502"。为毛泡桐白花泡桐的杂交种，适应范围同 "9501"。③ "9503" 和 "9504"。为毛泡桐白花泡桐的杂交种，适于南方和沿海地区，在北方可用于培育优质用材。④ "毛白 33"。为毛泡桐白花泡桐的杂交种，适于华北和中原地区。⑤ "陕桐 3 号"。为毛泡桐白花泡桐的杂交种，适应范围同 "9501"。⑥ "陕桐 4 号"。为毛泡桐和白花泡桐的杂交种，适应范围同 "9501"。

苗木培育

泡桐既可有性繁殖又可无性繁殖，主要方法有播种、埋根、留根、埋条、嫁接、组织培养等。

林木培育

立地选择和整地。造林地以沙壤土、壤土为宜，其次为黏土、沙土。地下水位在生长季节应不高于 2 米，pH 在 6 左右，活土层应大于 80 厘米，且土壤肥力较高。在山区，坡度小于 30°的缓坡，只要土层较厚，各个部位均可作为造林地；坡度在 30°～ 45°，应在中坡以下选择造林地；坡度在 45°以上，应在山坡下部或坡脚选择造林地。营造速生丰产林，以在海拔 600 米以下选择造林地为宜，避免在风口造林。细致地整地是实现泡桐林速生丰产的重要技术之一，主要采取穴状整地、水平带整地和全面整地。

造林。可植苗造林、埋根造林、插干造林、容器苗造林等，主要采用植苗造林或其派生方法——根桩造林。在整个树木休眠期都可造林（1 月份除外），一般以晚秋早春为宜。一般用 1 年生苗或 2 年根 1 年干的平茬苗，地径大于 4 厘米，苗高大于 3 米。以 1 年生为好，缓苗期短。

抚育。要精细开展松土除草、灌溉和施肥等幼林抚育工作，而接干是泡桐林特殊的幼林抚育工作。由于泡桐的假二叉分枝特性，"冠大干低"问题十分突出，采用人工促控的接干措施对培育泡桐通直高干极为重要。主要方法有平茬接干法（又称平茬换干法）、钩芽接干法、剪梢接干法、目伤接干法、平头接干法和修枝促接干法等。这些方法适合不同的树种和品种。泡桐定植 3 ～ 4 年后，林分进入完全郁闭、林木生长发育尚未受到影响、林木分化还没有表现出来以前，即可进行间伐。间伐要考虑造林密度的大小，间伐材的利用等因素。造林密度为 4 米 ×4 米、4 米 ×5 米或 5 米 ×5 米的泡桐片林，可采取隔行间伐或隔株间伐。

主伐与更新。根据造林地的立地条件，树木生长情况及其生产经营目的，确定泡桐采伐期。一般生长好的泡桐树 8 ～ 10 年就可以采伐。采伐时间以秋冬季为好，有利于清理林地、杀灭病虫害，为来年留桩萌芽更新或留根萌芽更新创造良好的环境。采伐后的林地，做到及时全垦深翻整地，并及时进行间作，减少次年杂草、灌木的生长，增加经济收入。

◆ 用途

泡桐是平原绿化、农田防护林、四旁植树和林粮间作的重要树种。泡桐木材材色浅，纹理通直美观，呈丝绢光泽，材质轻、软，强重比高（气干密度为 0.19 ～ 0.32 克 / 厘米^3），还有隔潮、着火点高、耐腐、不裂、不翘、声乐性质优异等特性，是生产家具、装饰材、拼板、人造板（如胶合板、刨花板、纤维板）、弦乐器等的优良用材。在缓解木材供求矛盾，改善栽植区生态环境，抵御突发性风沙、干热风等自然灾害方面有优势作用。此外，泡桐也是中国重要的民族传统出口创汇木材之一，主要出口日本、美国、澳大利亚、意大利、英国、法国、德国等国家。

列 当

列当是被子植物门真双子叶植物唇形目列当科列当属的一种。名出

《图经衍义本草》。

列当在中国分布于甘肃、河北、黑龙江、湖北、吉林、辽宁、内蒙古、宁夏、青海、陕西、山东、山西、四川、新疆和云南等地。朝鲜、日本等国也有分布。

列当为二年生或多年生寄生草本植物。株高（10～）15～40（～50）厘米，全株密被蛛丝状长绵毛。茎直立，不分枝。

列当花

叶卵状披针形，长1.5～2厘米，宽5～7毫米，连同苞片和花萼外面及边缘密被蛛丝状长绵毛。花多数，排列成穗状花序，长10～20厘米。花萼长1.2～1.5厘米，2深裂达近基部，每裂片中部以上再2浅裂，小裂片披针形。花冠二唇形，深蓝色、蓝紫色或淡紫色，筒部在花丝着生处稍上方缢缩，口部稍扩大。长2～2.5厘米；上唇2浅裂，下唇3裂。雄蕊4枚，花丝着生在花冠筒中部，长1～1.2厘米，基部常被长柔毛，花药卵形，长约2毫米，无毛。雌蕊长1.5～1.7厘米，子房椭圆体状或圆柱状，花柱与花丝近等长，无毛，柱头2浅裂。蒴果卵状长圆形或圆柱形，长约1厘米，直径3～4毫米，干后深褐色。种子多数，不规则椭圆形或长卵形，干后黑褐色。花期4～7月，果期7～9月。

列当生长于沙丘、山坡及沟边草地上，海拔600～1300米。常寄生在蒿属植物的根上。

列当全草药用，有补肾壮阳、强筋骨、润肠之功效，主治阳痿、腰酸腿软、神经官能症及小儿腹泻等症。外用可消肿。

轮状花

挂金灯

挂金灯是被子植物门真双子叶植物茄目茄科酸浆属的一种。俗称锦灯笼、红姑娘。名出《中国植物志》。

挂金灯在中国广布，除西藏外其他各省、自治区、直辖市均有分布。朝鲜和日本也有分布。常生于田野、沟边、山坡草地、林下或路旁水边；亦普遍栽培。

挂金灯为多年生草本植物，基部常匍匐生根，略带木质，高可达1米。茎较粗壮，茎节膨大。叶在茎下部的互生、上部的假对生，长卵形、宽卵形、菱状卵形，全缘、波状或有粗齿，仅叶缘有短毛。花单生叶腋，花梗近无毛或仅有稀疏柔毛，开花时直立，后来向下弯曲，果时无毛。花萼钟状，5裂。花冠轮状，白色。浆果球形，熟时橙红色，为膨大的萼所包。宿萼卵形，远大于浆果，长3～4厘米，宽3.5厘米，橙红色，无毛，网脉显著，有10纵肋。种子肾脏形，淡黄色，长约2毫米。花期6～9月，果期7～10月。

挂金灯果味酸甜，可生食或制果酱，也可药用，能清热解毒、消肿。宿存萼入药，亦有清热解毒功能。其植株因具橙红色宿萼，颜色鲜亮，被誉为中国灯笼，被广泛用于干花花艺上。

龙葵

龙葵是被子植物门真双子叶植物茄目茄科茄属一年生旱生草本植物。又称野海椒、野茄秧、苦葵、黑星星、黑油油。龙葵在中国各地均有分布。在欧洲、亚洲、美洲的温带至热带地区也分布广泛。

龙葵植株粗壮，高30～100厘米。茎直立，多分枝，绿色或紫色，近无毛或被微柔毛。叶卵形，长2.5～10厘米，宽1.5～5.5厘米，先端短尖，叶基楔形至阔楔形而下延至叶柄，全缘或具不规则的波状粗齿，光滑或两面均被稀疏短柔毛。叶柄长1～2厘米。短蝎尾状聚伞花序腋外生，通常着生4～10朵花，花梗下垂。花萼杯状，绿色，5浅裂。花冠白色，轮状，5深裂，裂片卵圆形，长约2毫米。花丝短，花药黄色，顶孔向内。子房卵形，花柱中部以下被白色茸毛，柱头头状。浆果球形，直径约8毫米，成熟时黑色。种子近卵形，两侧压扁，长约2毫米，淡黄色，表面略具细网纹及小凹穴。子叶阔卵形，先端钝尖，叶基圆形，边缘生混杂毛，具长柄。下胚轴极发达，密被混杂毛，上胚轴极短，略带暗紫色。初生叶1片，阔卵形，先端钝状，叶基圆形，叶缘生混杂毛，密生短柔毛；后生叶与初生叶相似。以种子进行繁殖，当年种子一般不萌发，经越冬休眠后才发芽出苗。苗期4～6月，花果期7～10月。

龙葵适生于田边、荒地及村

龙葵花

庄附近的旱地环境，为秋熟作物田、蔬菜田和路埂常见杂草。主要危害蔬菜及棉花、玉米、大豆、甘薯等秋熟旱田作物，因单株投影面积较大，易使矮棵作物遭受危害。虽龙葵通常危害不严重，但由于长期使用单一的除草剂进行化学除草，在东北、新疆地区的玉米、大豆、棉田龙葵发生量呈上升趋势，在局部地区成了难防杂草。

龙葵全株入药，具有散瘀消肿、清热解毒之功效。

茄 子

茄子是被子植物门真双子叶植物茄目茄科茄属一年生草本植物。古称酪酥、昆仑瓜。以幼嫩果实供食用。

茄子花

茄子原产于东南亚，4～5世纪传入中国，7～8世纪又从中国传入日本。贾思勰著《齐民要术》中有茄子栽培的记载，明《本草纲目》附有茄的插图。中国南北各地均有栽培。茄子在传入中国的同时，向西经波斯传入阿拉伯及非洲北部，到13世纪才传入欧洲，17世纪又从欧洲传到北美洲，欧美只在低纬度地区有少量栽培。

◆ 形态和类型

茄子植株高1.0～1.3米。茎基部木质，直立，分枝性强。单叶互生。当幼苗长出6～9片叶后着生第一朵花，花萼基部为筒状钟形，先端为5～7深裂，裂片披针形，有刺，花单生或簇生。花冠轮状（或称辐状）。

浆果，球圆、扁圆、长圆、卵圆或长条形；颜色紫红、红、绿或乳白。果皮紫红色是由于果皮细胞中含有飞燕草素及其糖苷，须在曝光下形成。成熟时，果实不论绿色或紫红色，均转为棕黄色。食用部分包括果皮、胎座及"心髓"部分，均由海绵状薄壁组织组成，其细胞间隙较多，组织松软。种子千粒重 3.6 ～ 4.0 克。

栽培的茄子包括 3 个变种：①圆茄。植株高大，果形大而圆，属华北生态型。②长茄。植株高度中等，果形较小而细长，属华南生态型。③矮茄。植株较矮，果实卵形，皮厚而籽多，但抗性强。

◆ 栽培

茄子属喜温作物，较耐高温，结果的适宜温度为 25 ～ 30℃。中国南北各地多在夏季栽培，但温度高于 35℃ 时也会导致花器发育不良，影响果实生长。以露地栽培为主，长江流域多于冬季至早春在苗床播种育苗，北方各省于早春利用温床或阳畦播种育苗。断霜以后定植到露地。华南可在春末夏秋露地播种育苗。由于茄子的结果期长，除要有充足的基肥外，还要求多次追肥（以氮肥为主，适当增施磷肥和钾肥）。茄子果实宜在幼嫩时采收，过熟时不但营养下降，而且果皮变厚，种子发育变硬，不适于食用。

◆ 用途

茄子果实含较多的蛋白质及矿物质。茄子果实富含维生素 P，紫色品种富含花青素等，具有预防心血管疾病和抗氧化的保健功效。果内组织中含有生物碱，使其带涩味，不宜生吃。除作蔬菜煮食外，也可制成茄干、茄酱或腌渍茄。

辣　椒

　　辣椒是被子植物门真双子叶植物茄目茄科辣椒属一年生草本植物。在热带可为多年生灌木。又称番椒。以果实供食用。

　　辣椒原产于南美洲的秘鲁，在墨西哥驯化为栽培种，15世纪传入欧洲，明代传入中国。清陈淏子《花镜》有"番椒……丛生白花，深秋结子，俨如秃笔头倒垂，初绿后朱红，悬经可观，其味最辣"的记载。世界各地都有种植。

◆　形态和类型

　　辣椒根系不发达。茎直立，高30～150厘米。单叶互生，卵圆形，叶面光滑。主茎抽生6～15片叶时着生一朵花，单生或簇生。花冠轮状（或辐状），多为白色，自花传粉，但天然异交率可达10%左右。浆果，汁少。细长形果实多为2室，圆形及扁圆形果多为3～4室。种子多数着生在中轴胎座上，胎座不发达，且硬化，形成空腔。果面平滑或皱褶，具光泽。果实呈扁圆、圆柱、圆球、长角、圆锥或线形，大小差别显著。牛角椒和线椒的纵径达30厘米，大甜椒的横径达15厘米以上，而细米椒则小如稻谷。单生果一般下垂，少数向上；簇生果多向上，个别下垂。大型果一般单生，每株结果数少；小型果结果数多，有的品种一株可结200～300个。果实在成熟过程中有明显的色素变化。青熟果老熟时因叶绿素含量迅速下降、茄红素增加而由绿色转为红色果；以胡萝卜素为主要色素的果实老熟时则形成黄色果。作观赏用的"五彩椒"因同一株上同时生有转色期间不同颜色的果实而得名。辣椒的辛辣味来自果实组织中的辣椒素（$C_{18}H_{27}NO_3$），其含量在果实成熟过程中逐渐增加，至果实红熟时达最高。小型果的辣椒素含量一般高于大型果。辣味浓度以中国云南思茅、瑞丽等地的涮辣椒为较大，朝天椒、细米椒次之，牛角椒、线辣椒又次之，大甜椒辣味较淡。

辣椒有一年生辣椒、灌木状辣椒、中国辣椒、下垂辣椒和柔毛辣椒等5个常见栽培种。其中，一年生辣椒的栽培面积最大，有灯笼椒、长椒、圆锥椒、簇生椒和樱桃椒等5个主要变种。一般在高纬度及高海拔地区盛产灯笼椒，低纬度及低海拔地区盛产长椒、圆锥椒和簇生椒。中国的辣椒栽培品种以灯笼椒、长椒和圆锥椒较多，簇生椒较少，樱桃椒很少。辣椒的消费在不断发生变化，中国北方以消费甜椒为主，变化不大；南方的辣椒消费量变化较大，以前以牛角椒和羊角椒为主，至2017年线椒的消费量大增，螺丝椒的消费量也在慢慢增加（螺丝椒之前主要在西北地区消费）；江苏和重庆以消费泡椒为主。市场上销量较大的有甜椒、线椒、牛角椒、羊角椒、螺丝椒、泡椒、朝天椒和美人椒等类型。以鲜椒供食用的品种要求果大、肉厚；供制干椒用的品种要求果肉薄、色深红且具光泽，含油分多，辣味浓。

◆ 栽培

辣椒是喜温作物，不耐霜冻。灯笼椒对高温的适应性较差，长椒、簇生椒则耐热力较强。生长适温为15～30℃，果实发育和转色需25℃以上，夜温以15～20℃为宜，温度过高易致植株衰老。日温低于15℃或高于35℃时易落花。温度适宜时不论日照长短，辣椒花芽都可分化。露地栽培时，一般于晚秋或冬季利用温床、冷床或塑料大棚育苗，晚霜期过后栽植，以提早结果，提高产量。植株开展度不大，叶片较小，适宜丛植和密植。辣椒对土壤的适应性较广，耐旱力和耐瘠力较强。干制用辣椒栽培在瘠薄丘陵地时辣味更浓，但适当施肥有利于高产。供鲜食用的灯笼椒及牛角椒则要求较多的肥料及水分。氮和磷对花的形成有良好作用，而钾则对促进果实膨大有益。利用温室、塑料大棚栽培，可促使早熟。

◆ 用途

辣椒素有兴奋作用，能增进食欲，帮助消化。果实中含多种维生素，以维生素 C 含量最高，每 100 克鲜重含量可达 150 ~ 200 毫克，在蔬菜中居首位。红熟椒的维生素 C 含量高于青椒。鲜椒干制后，其中的维生素 C 被破坏，罐藏则能充分保存。甜椒果实中含糖和果胶物质较多，干物质较少。一般以未成熟的青椒及大中果型的红熟椒作鲜菜用，以味辣的小果型红熟干椒及辣椒粉作调料或医药用。用于干制的多为线椒和朝天椒。干辣椒及辣椒粉是中国重要的出口产品。

杯状花

鹅掌楸

鹅掌楸是被子植物门真双子叶植物木兰目木兰科鹅掌楸属的一种乔木。鹅掌楸树干挺直，树冠伞形，叶形古雅，为世界珍贵的行道树和庭园观赏树种，也是建筑及制作家具的上好木材树种。

鹅掌楸自然分布于长江以南及西南地区，海拔 900～1700 米地带。海拔 660 米以下的低山、丘陵和平原地区多有引种栽培。

◆ **形态特征**

鹅掌楸为落叶乔木，高达 40 米，胸径 1 米以上，树冠圆锥状。树皮灰色、黑灰色，交叉纵裂。叶马褂形，长 12～15 厘米，两边通常各具一裂，老叶背部有白色乳状凸点。花冠杯状，黄绿色，外面绿色较多而内方黄色较多，单生枝顶。异花授粉；有孤雌生殖现象，雌蕊不受精，可以发育。聚合果长 7～9 厘米，翅状小坚果长约 6 毫米，先端钝或钝尖。花期 5～6 月，果实成熟期 8～10 月。

◆ **培育技术**

育苗方式

鹅掌楸育苗方式为播种育苗、扦插育苗和嫁接繁殖。

播种育苗。采取人工授粉，种子发芽率可达 70% 以上。果实成熟期在 10 月份，果实呈褐色时即应采收。母树宜选择生长健壮的 15～30 年生的林木。果枝剪下后放在室内摊开阴干，经 7～10 天，然后放在日光下摊晒 2～3 天，待具翅小坚果自行分离去杂后，装入布袋或放在种子柜里干藏。每千克种子 9000～12000 粒。高床作业，条播育苗。播种前要进行催芽，条幅宽 20 厘米，深 3 厘米，条距 20～25 厘米。每平方米播种量 15～22 克，2 月下旬至 3 月上旬播种，播后覆盖细土并覆以稻草。播种时拌适量钙镁磷肥，有利于生根。一般经 20～30 天出土，揭草后注意及时中耕除草、间苗，适度遮阴，适时灌溉排水，酌施追肥。1 年生苗高一般 40 厘米，2 年生苗可造林。培育大苗时在第二年分床，分床后应在冬季进行适当整形修剪，培养适宜冠形，4 ～ 5 年生可出圃移植。

扦插育苗。通常在落叶后至来年 3 月中上旬，温暖地区在秋季落叶后扦插，较寒冷地区春季扦插。选择健壮母树，剪取 1 ～ 2 年生枝条，穗长 15 厘米左右，每穗应具有 2 ～ 3 个饱满的芽，下端切成平口，株行距 20 厘米 ×30 厘米，插入土中 3/4。扦插时用生根粉 3 或生根粉 7 号，可促进不定根形成，提高扦插成活率。1 年生苗高 60 ～ 80 厘米，即可出圃定植，部分小苗可留养一年，再用于造林。

嫁接繁殖。以鹅掌楸或杂交鹅掌楸为砧木，春季切接繁殖育苗。接穗最好随采随接。嫁接时选择阴天，先定砧后嫁接，接穗在嫁接前于 1 ～ 4℃ 冷库中储藏。嫁接后及时浇水、除草。42 天后进行第 1 次抹芽，如套袋，则应在第一次抹芽时去袋，7 月初进行第 2 次抹芽。注意及时排水，如遇嫁接时天气炎热，则需遮阴，待接穗成活后撤离遮阴网。

定植与抚育

鹅掌楸造林地应选择比较背阴的山谷和山坡中下部。作为庭院绿化和行道树栽培应选择土壤深厚、肥沃、湿润的地段。林地在秋末冬初进行全面清理，定点挖穴，次年早春施肥回土后造林。造林密度可采用株行距（2.5×2.5）米 ～（2×2）米。庭院绿化宜用大苗，株行距 4 米 ×5 米，或用株距 3 ～ 4 米行植。一般在 3 月上中旬进行栽植。

鹅掌楸定植后，最好连续抚育 4 ～ 5 年，进行中耕除草、追肥、培土。为促使树干端直粗壮，可于秋末冬初进行适度修枝。

望春花

望春花是被子植物门真双子叶植物木兰目木兰科木兰属一种落叶乔木。又称迎春树、辛夷、紫木笔、应春花等。以其干燥花蕾入药，药材名辛夷。望春花在中国的主产区是中部地区的河南、湖北、安徽、四川等地。

◆ 形态特征

望春花树高可达 12 米，胸径达 1 米，树皮淡灰色。小枝稍粗壮，灰褐色。叶长圆状披针形或卵状披针形。花蕾着生幼枝顶端，外有苞片，密披灰白色或淡黄色长柔毛。花梗上有小芽和突起的红皮孔。花先叶开放，芳香，花冠杯状，白色，外面基部带紫色。雄蕊与心皮均多数，花柱顶端微弯。聚合果圆柱形，蓇葖果黑色，球形，两侧扁，密生突起小瘤点。种子鲜红色，干后暗红色，扁圆状卵形或一侧平坦。花期 4 月，果期 8～9 月。

◆ 生长习性

望春花在黄河流域以南均有栽培，黄山、庐山等处常有野生分布。望春花喜温暖湿润气候和充足阳光，稍耐寒、耐旱，在中国安徽省黄山市多生于海拔 400 米以上的山谷山林中，有较强的抗逆性，在酸性或微酸性土壤上生长良好，幼苗期怕强光。

◆ 繁殖方法

望春花可采用种子繁殖法、嫁接繁殖法、扦插繁殖法和压条繁殖法等方法繁殖。生产上以种子繁殖为主，一般在春季播种，播后 20 天即可发芽。

◆ 栽培管理

望春花栽培管理技术要点有：①选地与整地。育苗地以低山坡地、靠近水源，土质较疏松肥沃、排水良好的沙壤土为好。栽培地一般选择向阳、排水良好、土层深厚、富含腐殖质的山地沙壤土。②田间管理。每年夏冬两季中耕除草，同时在树干基部培土，除去萌蘖苗。冬季施堆肥，春季施硫酸铵。为使望春花多发花蕾，又便于采集，需从幼时即着手修剪整枝，矮化树干。当定植苗木长至 1～1.5 米时，打顶，促使分枝。修剪时，主干基部要保持 3～5 个主枝，避免重叠生长，以充分利用阳光。③病虫害防治。望春花病虫害主要有立枯病、根腐病和大蓑蛾。立枯病防治方法：选择好苗圃地，加强苗床管理，预防立枯病的发生；苗床必须平整，排水良好，无积水；播种前用药剂消毒；生长期及时铲除病株，并立即烧毁。根腐病防治方法：勤翻土，望春花喜阳光，保证阳光充足的同时需保证株间距宽，透气性良好；种苗移栽时严格检疫，严禁带病苗木造林，发现病株，及时铲除病株，并立即烧毁；可用药剂浇注根部。大蓑蛾防治方法：冬、春季人工摘除护囊；在孵化盛期和幼龄阶段，于傍晚喷施药剂诱杀。

◆ 采收加工

望春花花蕾尚未开放时采摘，采收时要逐朵从花柄处摘下。采后除去杂质，摊晒至半干时，收回室内堆放 1～2 天，使其"发汗"，再晒至全干，即成商品（供药用）。如遇阴雨天气，可用烘房低温烘烤，当烤至半干时，堆放 1～2 天再次烘烤，烤至花苞内部全干为止，不可用煤火或炭木直接烘烤。分级包装后放置于干燥通风处，防止潮湿和霉变。

报春花

◆ **药用价值**

辛夷味辛，性温。归肺、胃经。具散风寒、通肺窍功效。主治风寒头痛，鼻塞，鼻渊，鼻流浊涕，是中医治疗鼻疾的重要药材。

2015 版《中华人民共和国药典》同时收载同属植物玉兰和武当玉兰作为药材辛夷的基原植物。主要分布在中国长江流域，湖北省北部栽培较多。

厚　朴

厚朴是被子植物门真双子叶植物木兰目木兰科木兰属一种落叶乔木。又称川朴、油朴、紫油厚朴等。树皮、根皮、花、种子及芽皆可入药，以树皮为主；其干燥树皮、根皮及枝皮药材名厚朴。

厚朴主要分布在中国长江流域，东自浙江、福建沿海，西至云南怒江、四川盆地西缘。已有大面积栽培。

◆ **形态特征**

厚朴树皮厚，褐色。小枝粗壮，淡黄色或灰黄色。顶芽大。叶大，近革质，7～9 片聚生于枝端，长圆状倒卵形，下面被灰色柔毛，有白

粉。叶柄粗壮，托叶痕长
为叶柄的 2/3。花梗粗短，
离花被片下 1 厘米处具包
片脱落痕，花被片 9 ～ 12
（17），外轮 3 片淡绿色，
内两轮白色，倒卵状匙形，
基部具爪。花芳香，花冠

厚朴花

杯状，白色。雄蕊约 72 枚，内向开裂，花丝红色。雌蕊群椭圆状卵圆形。
聚合果长圆状卵圆形，蓇葖具 3 ～ 4 毫米长的喙。种子三角状倒卵形。
花期 5 ～ 6 月，果期 8 ～ 10 月。

◆ 生长习性

厚朴生于海拔 300 ～ 1700 米、土壤肥厚向阳的山坡、林缘处。喜
凉爽湿润、照光充足，怕严寒、酷暑、积水。适宜微酸性壤土或沙壤。
3 月初萌芽。3 月下旬叶、花同时生长、开放。9 月果实成熟、开裂。
10 月开始落叶。厚朴树 5 ～ 6 年生增高长粗最快，15 年后生长不明显。

◆ 繁殖方法

厚朴以种子繁殖为主，也可用压条繁殖和分蘖繁殖。种子春播翌年
2 月下旬或 3 月上旬下种，冬播 10 月中旬～ 12 月，以春播（最迟至次
年 2 月中下旬）为宜。条播。间苗，每平方米留苗 50 ～ 80 株。苗高 1
米左右即可出圃定植。

◆ 栽培管理

厚朴栽培管理技术要点有：①选地与整地。选海拔 300 ～ 1200 米

中下坡位的向阳、避风地带，土壤疏松肥沃、排水良好、含腐殖质较多的酸性至中性土壤。采用全垦、穴（块）状和带状整地，可施厩肥、土杂肥等作基肥。②移栽。混交的树种为杜仲、针叶树杉木等，初植密度控制在亩植 150 ～ 200 株，定植间距（2 ～ 3）米 ×（3 ～ 4）米。厚朴宜株行距 1.5 米 ×1.5 米或 1.0 米 ×1.5 米，亩营造 300 ～ 440 株。每穴栽 1 株，栽后覆土压实，浇透定根水。③田间管理。在造林后的前 3 年，每年除草、培土 2 次。进行块状锄抚 1 ～ 2 次，全林刀抚 1 ～ 2 次，第 1 次 5 月中下旬，第 2 次 8 月底到 9 月初。秋末除草后进行培土。施肥以有机肥为主，化肥为辅。施足基肥（定植穴施用有机肥与无机肥混合肥），复合肥作追肥，幼树期追施速效性高氮复合肥。采取覆草、覆地膜或穴贮肥水等节水保墒措施。每年结合施有机肥进行深翻扩穴改土。山地厚朴园要逐年在栽植穴外挖环状沟或平行沟，扩穴深度 0.4 ～ 0.6 米。可劈除林中萌条，整理干型，保持主干明显。在后期树冠郁闭，应将劣株伐除。定植 10 年后，树高达 9 米时，可将主干顶梢截除，并修剪密生枝、纤弱枝、垂死枝。④病虫害防治。根腐病发病初期病采用药剂浇病穴或喷雾。

◆ 采收与加工

厚朴于栽植 15 年后的 5 月中旬采收其树皮。将厚朴皮置通风干燥处，大小分类堆放，盖上塑料薄膜或花雨布，"发汗" 2 ～ 3 天，摊开晒蔫，然后将两头锯齐，将卷筒槽面向上自然晒干。或干皮置沸水中微煮后，堆置阴湿处，"发汗" 至内表面变紫褐色或棕褐色时，蒸软，取出，卷成筒状，干燥。或将卷筒竖立放于温度 60℃ 烘房内烘干。

◆ **药用价值**

药材厚朴味苦、辛，性温。归脾、胃、肺、大肠经。具燥湿消痰，下气除满功效。用于湿滞伤中，脘痞吐泻，食积气滞，腹胀便秘，痰饮喘咳。主要含酚类物质、挥发油（1% 左右）、少量生物碱、厚朴木脂体等成分。

2015 版《中华人民共和国药典》同时收载同属植物凹叶厚朴作为药材厚朴的基原植物。凹叶厚朴主产于中国江西、湖南、广东、广西、贵州、湖北等地，生长于海拔 400 ～ 1200 米亚热带阔叶林中，主要为栽培。

月 季

蔷薇科蔷薇属落叶灌木或藤本植物。又称现代月季。

月季是通过蔷薇属内种间杂交和长期选育而形成的杂交品种群。蔷薇属全世界约 200 种。中国有 95 种，是世界蔷薇属的分布中心，具有悠久的栽培历史。中国是月季花（月月红，*R. chinensis*）、香水月季（*R. odorata*）、巨花蔷薇（*R. odorata* var. *gigantea*）、野蔷薇（*R. multiflora*）、玫瑰（*R. rugosa*）、光叶蔷薇（*R. wichuraiana*）及其变种的故乡。这些种质是月季的重要亲本资源。

汉武帝时宫廷花园中就盛栽蔷薇植物。月季花于北宋始见记载，并出现很多形色各异的品种，至明代栽培则更为普遍，品种更多。清代时，中国月季、蔷薇类型与品种数量之多已居世界前列。18 世纪末至 19 世纪初，中国月季、蔷薇的多种珍贵品种传入欧洲，经反复杂交，在 1867 年育成第一个杂种香水月季品种，并创造了现代月季的一个新系统，其优点主要是花大丰满、四季开花、重瓣、花色丰富、具芳香等。这一系统至今仍是现代月季的主体，名优品种很多。之后又培育出聚花月季、壮花月季等多个现代月季新系统。

茎有皮刺，叶为奇数羽状复叶，小叶常 3 ～ 9 片。花单生或几朵集生成伞房花序或复伞房花序，单瓣、半重瓣或重瓣，花直

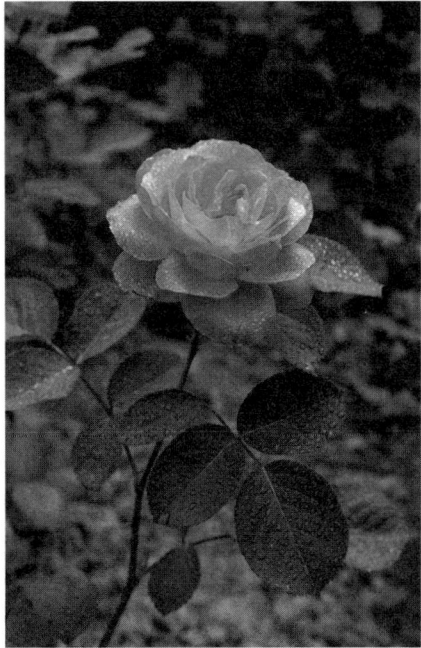

月季花

径从小到大，花色丰富多样，有些品种具有香味。花瓣形状丰富，花型多样，具多季开花性。花托老熟即变为肉质的浆果状假果，称为蔷薇果，果内包含有多数瘦果。

月季喜阳光，喜肥，较耐旱，最忌积水，宜栽于背风向阳且空气流通的环境。较耐寒，能忍受 -15 ～ -10℃ 的低温，最适生长温度为 15 ～ 25℃。喜富含有机质、通气良好、pH 为 6.5 ～ 6.8 的微酸性土壤。生长期的相对湿度以 75% ～ 80% 为宜。常用扦插或嫁接繁殖，培育新品种时用播种繁殖。

在园艺应用方面分为藤本月季、大花庭园月季、丰花月季等。月季形姿俱佳，四季开花不绝，花色丰富，花香浓郁，可种植于花坛、花境

或草坪边缘，或作常绿树的前景，也常按类型、品种布置成月季园。攀缘月季可作棚架、篱笆、拱门、墙垣的装饰材料。盆栽月季及切花月季可用于室内装饰等。此外，月季花可入药，有些品种的花可食用、茶用，还可提取香精。

辐射对称花

观光木

观光木是被子植物门真双子叶植物木兰目木兰科含笑属的一种。又称香花木、宿轴木兰。因纪念中国植物学家钟观光而得名。

观光木是为单属种。星散分布于中国云南、广西、广东、福建、江西等省、自治区海拔 500～1000 米的常绿阔叶林中。

观光木是为常绿乔木，高达 25 米。新枝、芽、叶柄、叶下面密被褐色柔毛。叶椭圆形或倒卵状椭圆形，先端钝尖，基部楔形，托叶与叶柄连生，延至叶柄中部以下。花腋生，芳香。花冠辐射对称状。花被片淡黄色，有红色小斑点。雄蕊群超出雌蕊之上，花丝圆柱状。心皮 9～12，螺旋状排列，受精后全部愈合发育成肉质的聚合果。聚合果卵状椭圆形，下垂，干后厚木质，不规则开裂脱落，果轴宿存。花粉粒具 1 远极沟，沟多

观光木的花

闭合成皱纹状，覆盖层光滑，偶有细网状皱纹，穿孔明显。

观光木木材为散孔材，边材暗灰色，心材暗黄褐色，纹理直，结构细，质轻软，易加工，干燥后少开裂，刨面光滑，供建筑、乐器、家具及细木工用材。树干挺直，树冠宽广，枝叶稠密，花美丽芳香，是优美的庭园观赏及行道树种。花可提取芳香油，种子榨油供工业用。

华盖木

华盖木是被子植物门真双子叶植物木兰目木兰科厚壁木属的一种。中国特有单种属植物，仅分布于云南西畴县法斗草果山和南昌山两处。生长在海拔 1300 ～ 1550 米山坡上部向阳的沟谷潮湿山地。

华盖木为常绿大型乔木，高可达 40 米。树皮灰白色，当年生枝绿色。单叶，互生，革质，长圆状倒卵形或长圆状椭圆形，全缘。花两性，辐射对称，芳香。花被 9 ～ 11 片，肉质，外轮 3 片，长圆形，外面深红色，内面白色，长 8 ～ 10 厘米，内 2 轮白色，基部具爪。雄蕊多数；雌蕊群长卵圆形，有短柄。心皮 13 ～ 16 个，离生。子房上位，每心皮有胚珠 3 ～ 5 枚。聚合蓇葖果倒卵形，长 5 ～ 8 厘米；蓇葖厚木质。种子 1 ～ 3 粒，外种皮红色。花期 4 月，果期 9 ～ 11 月。

华盖木为木兰科中的原始类群，在研究木兰科的分类系统、古植物区系方面有重要学术价值。已被列为中国珍稀濒危保护植物。

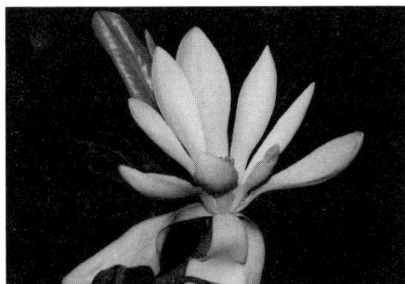

华盖木的花

含笑花

含笑花是被子植物门真双子叶植物木兰目木兰科含笑属的一种。名出自《艺花谱》。因开花不张口，犹如美人含笑而得名。

含笑花原产于中国，分布于中国华南，长江流域各地均有栽培。多生长在向阳山坡杂木林中。

含笑花

含笑花为常绿灌木，高 2～3 米。树皮灰褐色，芽、幼枝、花梗和叶柄均密生黄褐色茸毛。单叶，互生，革质，长椭圆形或椭圆状披针形，全缘。叶柄短。环状托叶痕长达叶柄顶端。

花单生叶腋，直径约 12 毫米，芳香，淡黄色，而边缘有时呈红色或紫色；两性花，辐射对称，花被片 6，长椭圆形，长 12～20 毫米；雄蕊多数，着生柱状花托下部，药室侧向开裂；心皮多数，离生，螺旋排列于柱状花托上部，雄蕊和雌蕊之间有雌蕊柄，长约 6 毫米，子房上位，每心皮有胚珠 2 至数枚。聚合蓇葖果，长 2～2.5 厘米，果梗长 1～2 厘米；蓇葖卵形，无毛，顶端有短喙。花期 4～5 月，果期 8～9 月。

含笑花的花可提取芳香油，供药用；花瓣是制作花茶的香剂。

白 兰

白兰是被子植物门真双子叶植物木兰目木兰科含笑属的一杂交种。

又称白兰花。名出《中国树木志》，
因花白色，香馥似兰而得名。

　　白兰原产于印度尼西亚爪哇
岛。现广泛种植于东南亚。中国南
方多为栽培。

　　白兰为常绿乔木，树皮灰色。

白兰花

幼枝和芽密生淡黄白色微柔毛；枝具环状托叶痕。单叶，互生，薄革质，
长椭圆形或披针状椭圆形，全缘。叶柄长约 2 厘米，环状托叶痕几达叶
柄中部。花单生叶腋，白色，芳香；两性花，辐射对称。花被片 10 枚以上，
披针形，长 3 ～ 4 厘米。雄蕊多数，螺旋排列于柱状花托下部。心皮多
数，离生，螺旋排列在柱状花托上部，雌蕊有长约 4 毫米的柄。花期 4 ～ 9
月。聚合果疏生蓇葖呈穗状，蓇葖熟时鲜红色，通常不结实。

　　白兰为著名庭园绿化观赏树种。花可提制浸膏和药用，有行气化浊、
治疗咳嗽等功效。叶可提取芳香油。

荷花玉兰

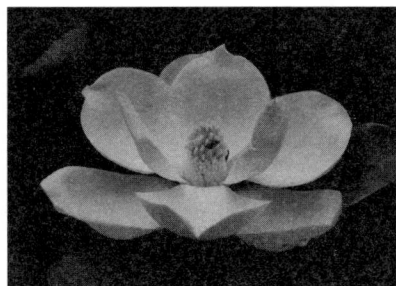

荷花玉兰花

　　荷花玉兰是被子植物门真双子
叶植物木兰目木兰科北美木兰属的
一种。又称洋玉兰、广玉兰。名出《中
国树木分类学》。

　　荷花玉兰原产于北美东南部。
中国黄河流域及以南地区均有栽培。

荷花玉兰为常绿乔木。枝具环状托叶痕。单叶,互生,厚革质,椭圆形,全缘,下面有锈色短茸毛。花单生枝顶,两性,辐射对称,大形,芳香;花被片白色,通常9片(有的可达15片),倒卵形,3～4轮。雄蕊多数,螺旋排列在柱状花托下部。心皮多数,离生,螺旋排列在柱状花托上部,每心皮具2胚珠。聚合果圆柱形,长7～10厘米,密被锈色茸毛,蓇葖果先端具长喙,种子椭圆形。花期5～6月,果期9～10月。

荷花玉兰为优良绿化观赏树种。花含芳香油,可制成鲜花浸膏。叶可药用。

瓶状花

紫玉兰

紫玉兰是被子植物门真双子叶植物木兰目木兰科玉兰属的一种。

紫玉兰原产于中国,分布于福建、湖北、四川、云南西北部。生于海拔300～1600米的山坡林缘处。现广为种植。

紫玉兰为落叶灌木或小乔木,高2～5米。小枝紫褐色,具环状托叶痕。单叶,互生,倒卵形、椭圆状卵形或椭圆状菱形,全缘。叶柄粗短。花与叶同时开放或先叶开放,单生枝顶,大型。花被片3轮,外轮3片萼片状,披针形,带绿色,长2～3厘米,内2轮长

紫玉兰花

圆状倒卵形，长 8 ～ 10 厘米，紫色或紫红色。雄蕊多数，螺旋排列在柱状花托下部。心皮多数，离生，螺旋排列在柱状花托上部，花丝与心皮均为紫红色。聚合果圆柱形，长 7 ～ 10 厘米，淡褐色。花期 3 ～ 4 月，果期 8 ～ 9 月。

紫玉兰为中国两千多年的传统花卉，花色艳丽，作为观赏植物已引种至欧美很多国家。树皮、叶、花蕾均可入药；晒干的花蕾称辛夷，为中国传统中药，主治鼻炎、头痛等。亦作玉兰、白兰等木兰科植物的嫁接砧木。

漏斗状花

矮牵牛

矮牵牛是被子植物门真双子叶植物茄目茄科碧冬茄属多年生草本花卉。

矮牵牛原产于南美洲的阿根廷，自 1835 年由 W. 赫伯特育成以后，1849 年又出现重瓣矮牵牛品种，1876 年通过自然突变育成四倍体大花矮牵牛系列。园艺品种极多。

矮牵牛花冠漏斗状，瓣缘皱褶或呈不规则锯齿等。花色有红、白、粉、紫及带斑点、网纹、条纹等。矮牵牛采用种子繁殖，属长日照植

矮牵牛花

物，生长期要求阳光充足。在正常光照条件下，从播种至开花需 100 天左右。

矮牵牛属花坛花卉，广泛用于街旁美化和家庭装饰。常作一、二年生栽培，播种后当年可开花，花期长达数月。

山莨菪

山莨菪是被子植物门真双子叶植物茄目茄科山莨菪属的一种。名出《中国植物志》。

山莨菪产于中国四川、青海、甘肃、西藏（东部）、云南（西北部）；生于海拔 2800 ～ 4200 米的山坡、草坡阳处。

山莨菪为多年生草本植物，高 40 ～ 150 厘米。根粗大，近肉质。茎粗壮，无毛或被微柔毛。叶互生，叶片纸质或近硬纸质，叶片卵形或长椭圆形，全缘或波状，顶端急尖或渐尖，基部楔形或下延，全缘或具 1 ～ 3 对粗齿，两面无毛。叶柄长 1 ～ 3.5 厘米，两侧略具翅。花两性，单生叶腋，具花梗，俯垂或有时直立。花萼钟状或漏斗状钟形，坚纸质，外面被微柔毛或几无毛，脉劲直，裂片宽三角形，顶端急尖或钝，其中有 1 ～ 2 枚较大且略长，宿存，结果时增大，有 10 条粗纵肋。花冠钟状或漏斗状钟形，紫色或暗紫色，内藏或仅檐部露出萼外，花冠筒里面被柔毛，裂片半圆形。雄蕊 5，长为花冠长的 1/2 左右。雌蕊较雄蕊略长。花盘浅黄色。果实球状或近卵状，肋和网脉明显隆起；果梗挺直。花期 5 ～ 6 月，果期 7 ～ 8 月。

山莨菪药用历史较久，其茎、叶、花均含莨菪类生物碱，有解痉、止痛的功能，可治胃痛，是提取莨菪烷类生物碱的重要资源植物；地上部分掺入牛饲料中，有催膘作用。

曼陀罗

曼陀罗是被子植物门真双子叶植物茄目茄科曼陀罗属一年生有毒半灌木状草本。别称醉心花、闹羊花、喇叭花、狗核桃、野麻子、凤茄花、万桃花、山茄子、曼荼罗等。

◆ 地理分布

曼陀罗在中国各地及世界温带至热带地区均有分布。生于村旁、路边、田间、河岸、荒地或草地、林缘等，也有作药用或观赏植物而栽培。

◆ 形态特征

曼陀罗株高 0.5 ～ 1.5 米，全体近平滑或幼嫩部分被短柔毛。茎粗壮，圆柱状，淡绿色或带紫色，下部木质化。叶广卵形，顶端渐尖，基部不对称楔形，边缘有不规则波状浅裂，裂片顶端急尖，有时有波状牙齿，侧脉每边 3 ～ 5 条，直达裂片顶端，长 8 ～ 17 厘米，宽 4 ～ 12 厘米。叶柄长 3 ～ 5 厘米。花单生于枝杈间或叶腋，直立，有短梗。花萼筒状，长 4 ～ 5 厘米，筒部有 5 棱角，两棱间稍内陷，基部稍膨大，顶端紧围花冠筒，5 浅裂，裂片三角形，花后自近基部断裂，宿存部分随果实增大向外反折。花冠漏斗状，下半部带绿色，上部白色、淡黄色、淡紫色或粉色，檐部 5 浅裂，裂片有短尖头，长 6 ～ 10 厘米，檐部直径 3 ～ 5 厘米。雄蕊不伸出花冠，花丝长约 3 厘米，花药长约 4 毫米。子房密生柔针毛，花柱长约 6 厘米。蒴果直立生，卵状，长 3 ~ 4.5 厘米，直径 2 ~ 4 厘米，表面生坚硬针刺或有时无刺而近平滑，成熟后淡黄色，规则 4 瓣裂。种子卵圆形，稍扁，长约 4 毫米，黑色。花期为 6 ~ 10 月，果期为 7 ~ 11 月。

◆ **毒性与危害**

曼陀罗全株有毒，种子毒性最大，嫩叶次之，干叶毒性比鲜叶小。主要有毒成分为莨菪碱、东莨菪碱、阿托品、曼陀罗碱等，对各种牲畜都有毒性。曼陀罗被食入后，毒素迅速在胃肠道吸收，主要使中枢神经先兴奋后抑制，是 M 型胆碱受体（毒蕈碱样受体）阻断剂，使脊髓反射功能增强；对腺体抑制分泌，使瞳孔括约肌的动眼神经麻痹而散瞳，使睫状肌弛缓而对光反应或角膜反射迟钝或消失；使心脏迷走神经麻痹而心率加快等。植株地上部分致死量，牛为 150 ~ 300 克，马为 150 ~ 200 克，绵羊为 75 ~ 200 克，也可引起人、猫、鱼中毒。人误食曼陀罗中毒量种子为 2 ~ 30 粒，果实为 1/4 枚，干花为 1 ~ 30 克，小儿内服 3 ~ 8 粒种子即可发生中毒。

牲畜采食曼陀罗 0.5 ~ 1 小时出现急性中毒症状，主要以副交感神经系统抑制和中枢神经系统兴奋为特征。初期表现为结膜潮红，腺体分泌减少，口腔干燥，肠音减弱，骚动不安，频频点头，瞳孔散大，心跳加快，呼吸加快。后期病畜狂躁不安，阵发性痉挛，结膜发绀，瞳孔对光的反射和角膜反射消失。腹部膨胀，腹痛，不见排粪。排尿减少，尿液浑浊。体温升高，脉搏疾速，呼吸浅表而缓慢。最后因呼吸麻痹而死亡。

◆ **防控技术**

放牧时让牲畜远离曼陀罗生长区，减少与曼陀罗接触机会，防止误食引起中毒。在曼陀罗大面积生长区域，可采用人工铲除和喷施除草剂防除。曼陀罗中毒有特效解毒药，可给予适量拟胆碱类药物如新斯的明、毛果芸香碱等以拮抗阿托品类生物碱的毒性。发现中毒应立即用 0.1% 高锰酸钾溶液或 1%～6% 鞣酸洗胃，然后内服氧化镁、活性炭或通用解毒剂（活性炭 2 份、氧化镁 1 份、鞣酸 1 份）。毛果芸香碱皮下注射，牛、马 30～300 毫克，羊、猪 5～50 毫克，每 6 小时重复注射，直至病畜瞳孔缩小、胃肠蠕动增强、口腔湿润为止。同时，静脉注射 5%～10% 葡萄糖溶液，促进毒物排出。呼吸抑制应及时给予兴奋剂，兴奋不安给予镇静剂。中药解毒用绿豆 120 克、金银花 60 克、连翘 30 克、甘草 15 克水煎内服。

◆ **其他用途**

曼陀罗叶、花和种子可入药，有解痉、镇静、镇痛、麻醉等功效；种子油可制肥皂、掺和油漆用。

丁　香

丁香是被子植物门真双子叶植物唇形目木樨科丁香属落叶灌木或小乔木的统称。

丁香全属约 20 种，中国产 16 种，以秦岭及西南地区所产种类较多。野生种多分布在山地，栽培地区则主要在北方各省。丁香是中国传统庭园花木，有关丁香花较早的文字记载见于唐代诗词。因花筒细长如钉且花芳香而得名。

丁香植株高 2～8 米。叶对生，全缘或有时具裂，罕为羽状复叶。

丁香花

花两性，呈顶生或侧生的圆锥花序。花色紫、淡紫或蓝紫，偶见白色。花冠细漏斗状，具深浅不同的 4 裂片。蒴果长椭圆形，室间开裂。

丁香喜充足阳光，也耐半阴。适应性较强，耐寒、耐旱、耐瘠薄，病虫害较少。以排水良好、疏松的中性土壤为宜，忌酸性土，忌渍涝、湿热。对氟化氢有较强的抗性，对煤气和其他有害气体也有一定的抵抗力。

丁香以播种、扦插繁殖为主，也可用嫁接、压条和分株繁殖。

丁香为冷凉地区普遍栽培的花木，花序硕大、开花繁茂、花淡雅芳香，习性强健，栽培简易，适于种在庭园、居住区、医院、学校等园林绿地及风景区。可孤植、丛植或在路边、草坪、角隅、林缘成片栽植，也可与其他乔灌木尤其是常绿树种配植，个别种类可作花篱。亦可盆栽、做盆景或做切花。

女 贞

女贞是被子植物门真双子叶植物唇形目木樨科女贞属的一种。名出《神农本草经》。

女贞在中国分布于长江以南至华南、西南各省、自治区，向西北分布至陕西、甘肃；朝鲜也有分布。印度、尼泊尔有栽培。生于海拔

2900 米以下疏、密林中。

女贞为常绿乔木或大灌木，高可达 25 米。枝条有明显的皮孔，无毛。叶革质而易碎，卵形、宽卵形、椭圆形或卵状披针形，长 6～12 厘米，宽 3～8 厘米，先端锐尖至渐尖或钝，基部圆形或近圆形，有时宽楔形或渐狭。叶缘平坦，上面光亮，两面无毛，中脉在上面凹入，下面凸起。叶柄长 1～3 厘米，上面具沟，无毛。圆锥花序较大，顶生，花序基部苞片常与叶同型，小苞片披针形或线形，凋落，花近无梗。花萼钟状，4 浅裂。花冠近漏斗状，4 裂，管部与裂片约等长，反折，白色。雄蕊 2，生花冠管喉部，伸出花冠外。雌蕊 1，子房上位，球形，花柱圆柱形，柱头棒状。核果浆果状，长椭圆形或近肾形，幼时绿色，熟时蓝黑色，被白粉；种子 1～2 个。花期 5～7 月，果期 7 月至翌年 5 月。

女贞树用途广，种子油可制肥皂；花可提取芳香油；果含淀粉，可供酿酒或制酱油；枝、叶上放养白蜡虫，能生产白蜡，蜡可供工业及医药用；果入药称女贞子，为强壮剂；叶药用，具有解热镇痛的功效；植株可作丁香、桂花的砧木或行道树。

钟形花

天仙子

天仙子是被子植物门真双子叶植物茄目茄科天仙子属的一种。名出《本草图经》。别称莨菪，出自《神农本草经》。分布在中国华北、西北、西南和华东。

天仙子为二年生草本植物，高达1米，全体被黏性腺毛。根较粗壮，肉质而后变纤维质，直径2～3厘米。一年生的茎极短，自根茎发出莲座状叶丛，卵状披针形或长矩圆形，长可达30厘米，宽达10厘米，顶端锐尖，边缘有粗牙齿或羽状浅裂，主脉扁宽，侧脉5～6条直达裂片顶端，有宽而扁平的翼状叶柄，基部半抱根茎；第二年春茎伸长而分枝，下部渐木质化。茎生叶卵形或三角状卵形，顶端钝或渐尖，无叶柄而基部半抱茎或宽楔形，边缘羽状浅裂或深裂，向茎顶端的叶成浅波状，裂片多为三角形，顶端钝或锐尖，两面除生黏性腺毛外，沿叶脉并生有柔毛。

天仙子花在茎中部以下单生于叶腋，在茎上端则单生于苞状叶腋内而聚集成蝎尾式总状花序，通常偏向一侧，近无梗或仅有极短的花梗。花萼筒状钟形，生细腺毛和长柔毛，5浅裂，裂片大小稍不等，花后增大成坛状，基部圆形，有10条纵肋，裂片开张，顶端针刺状。花冠钟状，5浅裂，长约为花萼的一倍，黄色而脉纹紫堇色。雄蕊稍伸出花冠。子房直径约3毫米。蒴果包藏于宿存萼内，长卵圆状，长约1.5厘米，直径约1.2厘米。种子近圆盘形，直径约1毫米，淡黄棕色。夏季开花、结果。花期5～7月，果期6～8月。

天仙子根、叶和种子皆可入药，有解痉、镇痛的功效，可作麻醉剂。种子油可供制肥皂。

木 樨

木樨是被子植物门真双子叶植物唇形目木樨科木樨属植物。中国著名的香料植物和园林观赏植物。又称桂花。

◆ 名称来源

木樨属于 1790 年由葡萄牙植物学家和传教士 J. 洛雷罗建立，属名 *Osmanthus* 中"osme"意为香味，"anthos"意为花，指花芳香。

◆ 分布

木樨分布于亚洲东南部和美洲。中国是木樨的现代分布中心，主产于华南和西南地区。

◆ 形态特征

木樨为常绿灌木或小乔木。叶对生，单叶，叶片厚革质或薄革质，全缘或具锯齿。雄花、两性花异株，聚伞花序簇生于叶腋，或再组成腋生或顶生的短小圆锥花序。花萼钟状，4 裂。花冠呈钟状、圆柱形或坛状，白色或黄白色，少数栽培品种为橘红色。雄蕊常 2 枚。柱头头状或 2 浅裂，不育雌蕊呈钻状或圆锥状。果为核果，椭圆形或歪斜椭圆形，内果皮坚硬或骨质，常具种子 1 枚。

◆ 生长习性

木樨适于亚热带气候，喜温暖、湿润，不耐寒。适宜生长气温是 15 ～ 28℃。湿度要求年平均 75% ～ 85%，年降水量 1000 毫米左右，特别是幼龄期和成年树开花时需要水分较多，遇到干旱会影响开花，强日照和荫蔽对其生长不利。木樨适宜在土层深厚、排水良好、肥沃、富含腐殖质的偏酸性沙质壤土中生长。

◆ 培育技术

木樨育苗的方法有播种、扦插、压条、嫁接、分株、组培等，而以播种和扦插为主。

◆ **系统位置**

参照 APG-IV 分类系统，木樨属约 30 种，与木樨榄属、流苏属等近缘。木樨属植物中有 18 种为中国特产，且多为芳香植物，具有重要开发利用潜力，需加强种质资源保护。

◆ **用途**

木樨属植物的花都具有芳香味，具有重要香料和园林观赏用途。

桔 梗

桔梗是被子植物门真双子叶植物菊目桔梗科桔梗属多年生草本植物。又称铃铛花。以根入药，药材名桔梗。

◆ **分布**

桔梗为广布种。中国大部分省、自治区均有分布。野生、家种均有，东北、内蒙古野生产量较大。20 世纪 70 年代人工栽培成功，现有三大主要栽培产区：内蒙古赤峰牛家营子镇、山东博山池上镇，以及安徽亳州和太和。

◆ **形态特征**

桔梗有直立型和倒伏型。根粗壮，长倒圆锥形。多年生茎高 120 厘米左右，有紫色、紫绿色和绿色。叶轮生，有时对生或互生，无柄或有极短的柄，叶片卵形、卵状椭圆形至披针形。花 1 至数朵生于茎及分枝顶端，总状花序。萼筒钟状，萼片 5，三角形至狭三角形。花冠一般为合瓣花，钟形 5 裂，裂片宽三角形，也有少量花重瓣，表现为花柱 5 裂，畸形或正常。雌雄同株，雌雄异熟，雄蕊 5，花药黄色，条形，花丝短，基部加宽。柱头 5 裂，裂片条形，反卷，被短毛。子房 5 室。花色一般为紫色，也有白色和粉色。蒴果有近锥形、近球形等。种子椭圆形或倒卵形。种子千粒重 1 克左右。花期 7 ～ 8 月，果期 9 ～ 10 月。

桔梗蒴果

◆ **生长习性**

桔梗喜光，喜凉爽环境，耐寒、耐旱，较耐高温，忌干风、怕水涝，不耐荫蔽。宿根肥厚粗壮，贮存养分较多，有利于越冬。宜栽培在海拔 1100 米以下的丘陵地带，华南亚热带地区宜选择在海拔 800 米以上山区种植，喜肥沃湿润、排水良好的疏松土壤，黏重土或积水地生长不良。

◆ **繁殖方法**

桔梗以种子繁殖。一般采集 2 年生植株的种子作繁殖用，有直播和育苗移栽两种方式。春播于 3 月下至 4 月中进行，秋播于 10 月中～ 11 月上进行。播种行距为 20 ～ 25 厘米，条播。

◆ **栽培管理**

选地与整地

选择地势向阳、土层深厚、肥沃、排水良好（雨季无积水）的沙壤土，黏土和盐碱地均不宜种植。桔梗可连作，但可与小麦、玉米、大葱等作物轮作以提高产量质量。秋季深翻土地 40 厘米以上，结合整地施用腐熟的农家肥、复合肥，施后犁耙 1 次，整细，待春季浇透水耙平，做平畦。

田间管理

根据桔梗各生长阶段的不同要求及环境条件的变化进行。主要环节有：①间苗与补苗。苗高 3 ～ 5 厘米间苗 1 ～ 2 次；苗高 10 ～ 12 厘米时定苗，按株距 4 ～ 5 厘米留壮苗 1 株。有缺苗则进行补苗。②中耕除草。每次中耕应结合除草。第 1 年要除草 3 ～ 4 次。种植第 2 年，植株尚未封垄前，除草 1 ～ 2 次。植株长大封垄后，不宜再进行中耕除草，以免折断茎秆。③灌溉与施肥。定苗后灌水 1 次，至收获前不遇大旱不再灌水。进入雨季注意排涝。收获前 10 ～ 15 天灌水 1 次，利于提高产量及方便采挖。④摘蕾打顶。除留种田块外，其余地块均应减除花枝。在 7 月底蕾期对桔梗进行人工切除花序，以后应随时剪除，以促进根的发育。

病虫害防治

根腐病为桔梗主要病害，高温多雨季节多发。防治策略：及时疏沟排水，土壤消毒。桔梗为害害虫主要有红蜘蛛和地老虎，常发生秋季天旱时节，或春季。防治策略：清理田间残枝落叶，并结合化学防治。

◆ 采收与加工

桔梗采收年限一般是 2 ～ 3 年。可在秋季或春季萌芽前采挖，要避免断根。传统的产地加工工艺流程为：清洗去皮—清洗—晾干—检验—包装。

◆ 药用价值

桔梗入药始载于 2000 多年前的《神农本草经》，列为下品，为临床常用药。桔梗药材味苦、辛，性平。有宣肺、利咽、祛痰、排脓功效。

用于咳嗽痰多、胸闷不畅、咽痛、音哑、肺痈吐脓、疮疡脓成不溃等病症。桔梗根部含多种皂苷及五环三萜多糖苷，其中皂苷主要为三萜皂苷；还含有多聚糖类、甾体化合物类，脂肪酸类、氨基酸类、挥发油类及生物碱和黄酮类等化学成分。

柿

柿是被子植物真双子叶植物杜鹃花目柿科柿属植物的栽培种。属暖温带落叶果树。

在中国，柿分布于辽宁、河北、河南、山东、安徽、江苏、浙江、福建、广东、江西、湖南、湖北、山西、陕西、甘肃等年均温 10℃ 等温线以南的地方，年均温 20℃ 以上地方因不能满足柿休眠期对低温的要求而不宜栽培。柿是晚秋佳果，古人称其"色胜金衣美，甘逾玉液清"。柿是一种物美价廉的大众水果。

◆ 栽培历史

柿起源于东亚的暖温带，由野生柿驯化而成，中国西安栽培最早。山东省临朐县山旺镇曾发现 250 万年前的野柿叶化石。浙江省余姚市田螺山和浦江县的上山遗址曾发现柿核，证明在 8000 年前野柿已为人类采食。据记载先秦礼制的《礼记·内则》所记，柿为人君日常食品之一。汉司马相如的《上林赋》中已有柿栽培的记载，当时零星种植于庭院之中。《晋宫阁名》中有"华林园柿六十七株，晖章殿前柿一株"的记载。约成书于北魏末年的《齐民要术》中记载："柿，有小者栽之；无者，取枝于软枣根上插之，如插梨法。"这明确记述了野生变栽培的开始。

由于掌握了柿树嫁接技术，生产也有了一定规模。《梁书·地理志》记载了当时柿的发展情况："永泰元年，（沈瑀）为建德令，教民一丁种十五株桑、四株柿及梨栗，女丁半之，人咸欢悦，顷之成林。"

唐、宋以来人们对柿有了新的认识，《酉阳杂俎》称"柿有七绝"。孟诜、陈藏器等医学家又证明柿有很高的药用价值。人们在实践中还筛选出一些良种，掌握了脱涩、贮藏及柿饼加工技术，柿树由此得到发展，栽植数量相当可观，往往一个地方栽植有成千上万株。例如，韩愈诗中有"友生招我佛寺行，正值万株红叶满"；马永卿的《嬾真子》记有"仆仕于关陕，行村落间，常见柿连数里"，这些文字都反映了当时柿树种植的规模。元末明初自然灾害频繁，人们对柿果和柿饼可以代粮充饥有了深刻的认识，正如《荒政要览》和《农政全书》等文献所记"三月秧黑枣，备接柿树，上户秧五畦，中户秧二畦。凡陡地内，各密栽成行。柿成做饼，以佐民食"，"今三晋泽沁之间多柿，细民乾之以当粮也，中州、齐、鲁亦然"，由此形成黄河中下游为中国柿的主产地的格局，柿被誉为"木本粮食""铁杆庄稼"。

改革开放后计划经济转变为市场经济，以市场为导向，柿树栽培由原来的自给性生产转向商品性生产，由传统的小农生产向现代产业化迈进。

◆ 种质资源

中国报道的柿约有 60 个种或变种，能见到活体标本的不足 50 种，与栽培柿关系密切的有君迁子、粉叶柿、德阳柿、油柿、金枣柿和美洲柿等。中国栽培柿由于自然杂交和芽变，有广泛而连续的分离，形成数量众多的种质资源。经千百年选留，据各地资源调查统计有名称的品种有 1000 个左右，以大小、颜色、熟期、形态、来源为依据命名，以区别当地品种。因各地命名依据不同，存在许多同物异名现象。设在杨凌（西北农林科技大学内）的国家柿种质资源圃正在甄别同物异名和同名异物的品种。该圃从全世界引入完全涩柿、不完全涩柿、不完全甜柿、日本原产完全甜柿和中国原产完全甜柿 5 个类型的栽培柿品种和近缘种，已保存 800 个基因型，涵盖 90% 以上柿的遗传多样性。种质创新方面仍依赖杂交育种，生物工程方法还处在实验阶段。

◆ **形态特征**

柿为落叶乔木，高可达 14 米。老树干皮矩形鳞片状开裂，灰黑色。枝深棕色渐至灰白色，具纵向皮孔，嫩枝有柔毛，后渐脱落。单叶互生。叶柄有柔毛。叶片椭圆形至倒卵形，长 6 ～ 18 厘米，先端或有尖头，基部阔楔形，全缘，革质，上面深绿色，主脉疏生柔毛，下面淡绿色，有短柔毛和腺状毛，沿叶脉密生淡褐色绒毛。花杂性，雄花成小聚伞花序，雌花单生叶腋。花黄白色，花萼下部短筒状，4 裂，内面有毛。花冠钟形，4 裂。雄蕊在雄花中 16 枚，在两性花中 8 ～ 16 枚。雌花有 8 枚退化雄蕊。子房上位，多 8 室，少数 12 室，花柱自基部向上不同程度分离。浆果扁圆、球形或卵圆，横径 3.5 ～ 9 厘米，橙黄色或橙红色，基部有柿蒂（即宿存萼片）。花期 5 月，果期 9 ～ 11 月。

柿与其他果树的不同之处有：柿树长寿，尚存千年古树；柿果含有单宁，且有单宁细胞；有自枯现象，自身能调节营养；有单性结实能力，可不配授粉树；宿存萼随果增大成柿蒂。

◆ 繁殖与栽培

柿主要采用嫁接繁殖，砧木多为君迁子，也有用粉叶柿、德阳柿和野柿的。砧木实生繁殖成苗后，采用嵌芽接、劈接和切接方法繁殖。柿树抗旱耐寒，适应性强，对地形、土质

柿花

选择不严。中国北方多在 3 ～ 4 月萌芽期嫁接，广东、广西、福建因气温高，可在新年与春节之间嫁接，其他季节亦可按实情少量嫁接。组织培养有报道获得成功，但由于技术和成本问题，仍未见生产上应用。柿传统生产模式采取零星栽植，只种不管，放任生长。20 世纪 70 年代以来，采用成园栽培和集约化、基地化生产模式。在适栽区选用优良甜柿品种，采取低冠密植、整形修剪、土肥水管理、病虫防治、贮运加工等现代化技术，达到产优、增值的目的。

◆ 价值与用途

柿的营养丰富、风味独特，具有食用价值、药理作用、美化环境等价值与用途。

食用价值

果中富含水分、蛋白质、脂肪、碳水化合物、粗纤维、灰分；含人体不可缺少的钙、磷、铁等矿物质；并含多种维生素和 9 种氨基酸。柿是中国传统特色果品，甘甜多汁，除供鲜食外还可加工成柿饼、柿脯、柿酒、柿醋、柿涩汁、柿汁、柿酱、柿蜜、果冻等食品，深加工成柿霜

糖、柿软糖、柿羊羹、柿糕、果丹皮等，或制成糕点、风味小吃和菜肴佐食。但食用不当或过量也会引起副作用，如柿饼中含有高浓度的糖，过量食用引起消化不良；未脱涩的果实中含有大量可溶性单宁，空腹多吃易得胃结石。

药理作用

柿及其加工品和根、树皮、叶、果、柿蒂都含有齐墩果酸、熊果酸、没食子酸、黄酮类化合物，以及三萜类、萘醌类、香豆素等多种药用成分，为历代医学家应用。现代医学也证明其具有较高的抗氧化、抗肿瘤、保护心血管和治疗免疫缺陷等多种药理作用。

柿树根深叶茂、绿树浓荫，夏可避暑纳凉，入秋碧叶丹果，鲜丽悦目，晚秋红叶可与枫叶媲美，霜后似红灯笼般挂满枝头，分外美观，是一种优良的观赏树种。柿树林是天然氧吧，它是能充分利用土地，提高地面覆盖率，改善气候，改善人们居住的生态环境，是维持自然界生态平衡的优良树种。

◆ **美化环境**

柿树是长寿树种，百年以上古树容易见到，有些地方甚至可见到几百年或上千年的古树，是开发生态旅游的宝贵资源，也是传承文化的重要依据。柿木坚硬、结实，而且与"事、世"谐音，因此古代以柿蒂纹的图案装饰日用器物，以示其坚固耐用。

本书编著者名单

编著者 （按姓氏笔画排列）

于应文	于晓南	于海峰	马方舟	王 雁
王 强	王仁梓	王亚玲	王庆海	王学敏
王建华	王锦秀	王德槟	邓云飞	古 力
史红专	吕 彤	乔 杰	刘 丽	刘宁宁
刘后利	祁建军	孙 宇	杜道林	李 慧
李广德	李丕军	李隆云	李锡文	李靖锐
杨生超	张志耘	张重义	张朝贤	陈 川
陈龙清	陈宇航	陈军文	陈兵林	陈菲儿
陈德昭	邵清松	杭悦宇	季鹏章	房伟民
赵 阳	赵 祥	赵凯歌	赵宝玉	段一凡
饶广远	顾红雅	徐海根	徐福荣	高 鹏
高天刚	高捍东	郭巧生	黄红娟	黄咏贞
黄春艳	梁艳丽	葛 红	董诚明	傅廷栋
傅承新	雷建军	缪剑华	魏守辉	魏建和